Carola Trinidad Melo Rojas

Genes candidatos para caracteres lipídicos y CNV en Porcinos

Carola Trinidad Melo Rojas

Genes candidatos para caracteres lipídicos y CNV en Porcinos

Caracterización de genes candidatos para caracteres lipídicos e identificación de Copy Number Variation en cerdos

PUBLICIA

Imprint

Cover image: www.ingimage.com

Publisher:
PUBLICIA
is a trademark of
International Book Market Service Ltd., member of OmniScriptum Publishing Group
17 Meldrum Street, Beau Bassin 71504, Mauritius

Printed at: see last page
ISBN: 978-3-639-64661-0

Zugl. / Aprobado por: Barcelona, Universidad Autónoma de Barcelona

A Segundo, Samuel y mis padres

AGRADECIMIENTOS

"Dios es simple. Todo lo demás es complejo. No busques valores absolutos en el mundo relativo de la naturaleza". Albert Einstein

Porque guías mis pasos he hiciste que llegara a subir un peldaño más en mi vida, porque soy consciente que puedes quitar lo que das, gracias Papá lindo por todas las bendiciones que he recibido.

Marcel, has sido una fuerza importante para culminar este trabajo, gracias por brindarme la oportunidad de lograr una de mis metas más grandes, por tu apoyo constante, tus palabras de aliento y también por tu motivación, por la confianza que has depositado en mi desde el Máster, nunca olvidaré tus consejos.

A Alí, quien supo guiarme en el fascinante mundo de la genética molecular, gracias por los consejos, por haber empleado tu tiempo en enseñarme las técnicas de laboratorio.

A Arianna, gracias por tu dedicación, tu paciencia y entrega en todo lo que haces es elogiable y digno de admirar.

A todos los miembros de la Unidad de Genética, quienes me hicieron sentir como en familia. Gracias Dra. Ana Castelló por sus consejos, Dra. Ana Mercadé por su paciencia, Dra. Ainhoa Ferrando por ser una bellísima persona, Dr. Armand Sánchez, Dr. Miguel Pérez Enciso, Dr. Sebastián Ramos, Dr Josep Maria Folch, Dras. Olga Francino y Laura Altet por brindarme su amistad, a Irene con sus ocurrencias, Queen con sus locuras, Natalia por su apoyo moral, Cecilia por su amistad, John por su aliento, Yuliaxis por los buenos consejos, William, Nilton , Xavi, Ingrid, Verónica , Anna, Oriol, Jordi, Rebeca, Griselda, Betlem, Maria del Mar, Elisenda y Maribel.

A los grandes amigos que he conocido en España (Alexei, Guo, Yan Bing, Abel, Henry, Miquel, Marcos) por haber compartido conmigo grandes momentos. A mis amigas Bety Fani, Giovana, Cynthia, Sandra, Cathy, Vanessa, Maritza y Patricia por su apoyo. A mis amigos en Perú (Olsen, Eloy, Flor, Carmen, Tula, Sonia) que aunque lejos, están pendientes de mí.

A mis padres por darme fuerzas para seguir adelante. Lo lograste a los 56 años, yo estoy a punto de conseguirlo, pero meritorio es a tu edad y con la puntuación obtenida, espero por lo menos igualarte papito, eres el mejor amigo que tengo, tus consejos me han ayudado tanto. Tu juiciosidad, tus palabras de amor, tus cuidados, ahora lo entiendo ya que estoy a punto de convertime en lo que eres mi Heydi.

A mis hermanos Roseline, Paola y Max, tenemos un nexo tan grande a pesar de estar tan lejos.

A Gabriel mi ángel y Luz.

En lo bueno y en lo malo has estado a mi lado, apoyándome en todo y has hecho posible que pueda culminar mis estudios, gracias Segundo por todo tu apoyo que es invaluable, siempre lo tendré presente aunque nuestros caminos estén próximos a separarse o unirse, me has dado el regalo más preciado.

A todos los que por descuido he podido olvidar y que son parte importante en mi formación, gracias.

RESUMEN

Este trabajo de investigación forma parte de los proyectos *Mapeo e identificación de genes implicados en el metabolismo lipídico en porcino, la calidad de la carne y la calidad del jamón curado* (AGL2007-66707-C02-02) y *Estudio de caracteres relacionados con el metabolismo lipidico y la calidad en porcino mediante el analisis integral de datos masivos de genotipos y expresion genica* (AGL2010-22208-C02-02), cuya finalidad consiste en determinar la arquitectura genética de diversos caracteres relacionados con el metabolismo lipídico, en particular aquellos vinculados al metabolismo del colesterol, lipoproteínas plasmáticas LDL y HDL y triglicéridos. La presente tesis aborda la caracterización molecular de los genes Low density lipoprotein receptor-related protein 12 (*LRP12*), Tribbles 1 (*TRIB1*), Adiponectin (*ADIPOQ*) y diversos miembros de la familia Solute carrier family 27A (*SLC27A1*, *SLC27A2* y *SLC27A4*) porcinos, así como la identificación de polimorfismos y la realización de estudios de asociación con caracteres relacionados con el metabolismo lipídico en una población comercial Duroc. En total, se ha detectado cuatro polimorfismos sinónimos en el gen *LRP12* (c.507C>T, c.762C>T, c.771A>G y c.1101A>G), un indel en la región 3'UTR del gen *TRIB1* (c.*156_157del), una sustitución en la región 3'UTR del gen *ADIPOQ* (c.*1512G>T), dos polimorfismos sinónimos (c. 441C>T, c.747A>G) y una sustitución (c.*400C>T) en la región 3'UTR del gen *SLC27A1* y dos polimorfismos sinónimos en el gen *SLC27A4* (c.243T>G y c.837C>T). Asimismo, se ha observado que la variabilidad de los genes *LRP12* y *TRIB1*, localizados en el intervalo de confianza de un QTL para triglicéridos a 190 días, no está asociada con dicho carácter, y sin embargo presenta una fuerte asociación con el contenido de ácidos grasos saturados del músculo *gluteus medius* ($P < 0.001$). Para los genes *SLC27A1* y *SLC27A4* se obtuvo resultados similares, aunque la asociación con el contenido de ácidos grasos saturados resultó ser no significativa después de aplicar la corrección de Bonferroni. Finalmente, el genotipo *ADIPOQ* presentó una asociación muy significativa con el contenido de LDL a 190 días (P=0.0027). Por otra parte, se ha procedido a identificar polimorfismos del tipo *copy number variation* (CNV) en la población experimental Duroc. Para ello, se ha empleado la herramienta *Illumina Porcine SNP60 Beadchip* Y los paquetes informáticos cnvPartition v3.1.6, CNstream y PennCNV. Los resultados obtenidos han evidenciado la existencia de una notable grado de variación cromosómica estructural CNV en dicha población

SUMMARY

This study forms part of the projects *Mapping and identification of genes involved in pig lipid metabolism and meat and cured ham quality* (AGL2007-66707-C02-02) and *Study of traits related with lipid metabolism and meat quality in pigs by means of the integral analysis of massive genotyping and expression data* (AGL2010-22208-C02-02), whose goal consists in determining the genetic architecture of diverse traits related with lipid metabolism and, in particular, of those dealing with serum cholesterol, triglyceride and low (LDL) and high density lipoprotein concentrations. More specifically, the current thesis has undertaken the molecular characterization of the Low density lipoprotein receptor-related protein 12 (*LRP12*), Tribbles 1 (Drosophila) (*TRIB1*), Adiponectin (*ADIPOQ*) and several members of the Solute carrier family 27A (*SLC27A1*, *SLC27A2* and *SLC27A4*), as well as the identification of polymorphisms and the performance of association studies with lipid traits in a commercial Duroc population. By using this approach, we have identified four synonymous SNP at *LRP12* (c.507C>T, c.762C>T, c.771A>G y c.1101A>G), an indel at the 3'UTR of *TRIB1* (c.*156_157del), a substitution at the 3'UTR of *ADIPOQ* (c.*1512G>T), two synonymous polymorphisms (c. 441C>T, c.747A>G) and one 3'UTR substitution (c.*400C>T) at *SLC27A1* and two synonymous polymorphisms at *SLC27A4* (c.243T>G AND c.837C>T). We have also found that variability of *LRP12* and *TRIB1*, that map to the confidence interval of one QTL for serum triglycerides, is not associated with the aforementioned trait but with *gluteus medius* saturated fatty acid content ($P < 0.001$). Similar associations have been observed for the *SLC27A1* and *SLC27A4* loci, althought they became non-significant after applying the Bonferroni correction for multiple testing. Finally, we have detected a very strong association between *ADIPOQ* genotype and serum LDL levels a 190 days ($P=0.0027$). On the other hand, genotyping of the Duroc population with the *Illumina Porcine SNP60 Beadchip* has revealed the segregation of a remarkable number of copy number variants.

ÍNDICE GENERAL

ÍNDICES DE TABLAS Y GRÁFICOS

Introducción

Materiales y métodos

Resultados y discusión

1. INTRODUCCIÓN

1.1. El cerdo como modelo biomédico

La similitud, respecto a humano, en peso y tamaño, la fisiología, el desarrollo de órganos y la progresión de algunas enfermedades, han hecho del cerdo un modelo biomédico de gran interés (Swanson *et al.* 2004; Lunney, 2007). La obtención de un borrador completo de la secuencia del cerdo puede tener un impacto notable en el empleo de esta especie como modelo para estudiar enfermedades humanas (Schook *et al.* 2005), siendo necesario destacar que la homología entre los genomas porcino y humano es más elevada que la existente entre los genomas humano y del ratón (Thomas *et al.* 2003; Humphray *et al.* 2007; Lunney, 2007). Desde un punto de vista biomédico, resultan de especial interés aquellas patologías porcinas relacionadas con el metabolismo (obesidad, diabetes etc.) y el aparato cardiovascular (Milán *et al.* 2000; Lunney, 2007). En este sentido, la anatomía cardiovascular del cerdo en combinación con su respuesta a dietas aterogénicas, han convertido a esta especie en un modelo para el estudio de aterosclerosis, infarto de miocardio y patologías de origen coronario (Kuzmuk y Schook, 2011). Asimismo, debido a su naturaleza omnívora, el cerdo es propenso a sufrir muchos de los problemas metabólicos que afectan a los humanos (Kuzmuk y Schook, 2011). Dependiendo de la dieta y la genética, los cerdos pueden sufrir hipertensión, hipercolesterolemia, dislipidemia, resistencia a la insulina y aterosclerosis (Kuzmuk y Schook, 2011).

Hay dos razones fundamentales para llevar a cabo el estudio de genes relacionados con la obesidad en cerdos. En primer lugar, como ya se mencionó, el cerdo es un modelo de interés para el estudio de la obesidad humana debido a las similitudes fisiológicas existentes entre ambas especies (Tumbleson y Schook, 2006). Por ejemplo, en ambas especies se ha demostrado que la variabilidad de los genes LDLR y APOB tiene efectos sobre las concentraciones de lípidos séricos, lo cual sugiere la existencia de factores genéticos comunes para dicho fenotipo (Ajiello *et al.* 1994; Hasler-Rapacz *et al.* 1998). En segundo lugar, la identificación de genes y polimorfismos con efectos sobre el engrasamiento porcino tiene un indudable interés productivo y económico, ya que fenotipos como el engrasamiento de la canal o el contenido de grasa intramuscular son muy relevantes en el campo de la producción porcina.

1.2. Metabolismo de las lipoproteínas

Tal como indica su nombre, las lipoproteínas son macromoléculas formadas por lípidos y proteínas (Fornaguera y Gómez, 2004), cuya función consiste en el transporte de triglicéridos, colesterol y vitaminas liposolubles del hígado hacia los tejidos periféricos, así como el transporte reverso del colesterol desde los tejidos hacia el hígado (Kathiresan y Rader, 2008). Las lipoproteínas también juegan un papel importante en la vehiculación del colesterol dietético, los ácidos grasos de cadena larga y las vitaminas liposolubles (Kathiresan y Rader, 2008). El transporte de lípidos en mamíferos es explicado por la integración de varias vías fisiológicas, fundamentalmente el transporte de lípidos de intestino, hígado y tejido adiposo a otros órganos y donde son usados como fuente de energía (Frayn *et al.* 1998).

Las lipoproteínas plasmáticas se dividen en cinco categorías de acuerdo a su densidad relativa, la cual viene determinada por la proporción de lípidos (Ganong, 2006): quilomicrones, lipoproteínas de muy baja densidad (VLDL), lipoproteínas de densidad intermedia (IDL), lipoproteínas de baja densidad (LDL) y lipoproteínas de alta densidad (HDL). Cada una de estas categorías abarca una serie de partículas que varían levemente en cuanto a su densidad, tamaño, migración durante la electroforesis y composición proteica. La HDL es la lipoproteína más pequeña y la más densa, y está compuesta por una elevada proporción de proteínas. En cambio, los quilomicrones y las VLDL son lipoproteínas mayores y menos densas.

Las HDL tienen como función principal el transporte reverso de colesterol desde los tejidos hasta el hígado para su excreción, y por lo general se considera que valores elevados de la relación HDL/LDL están asociados a un menor riesgo de sufrir aterosclerosis y enfermedades coronarias (Kathiresan y Rader, 2008). Por el contrario, niveles altos de LDL en plasma están asociados a enfermedades ateroscleróticas (Biggerstaff y Wooten, 2004). En el cerdo, las LDL son especialmente abundantes durante la etapa fetal, mientras que en el lechón predominan más las HDL (Chapman y Forjez, 1985). Ello probablemente se deba a los altos niveles de lipólisis de triglicéridos exógenos que acompañan a la ingestión de la leche (Chapman y Forjez, 1985). En lo referente al sexo, las hembras poseen niveles más elevados de LDL, HDL y colesterol que los machos (Kist *et al.* 1999).

Las apolipoproteínas constituyen una parte esencial del complejo lipoproteico y entre otras funciones actúan como ligandos para los receptores celulares del colesterol. (Ye y Kwiterovich, 2000; Saito *et al.* 2004). Existen cinco clases principales de apolipoproteínas: APOA (1,2 4 y 5), APOB (48 y 100), APOD, APOE y APOH.

Una vez formados en el hígado los ácidos grasos deben ser transportados tanto al tejido adiposo, para su almacenamiento, como a otros tejidos (por ejemplo el músculo) para su utilización directa en la producción de energía (Cunningham y Bradley, 2009). Como los ácidos grasos no son solubles, es necesario algún mecanismo de transporte para su distribución corporal (Cunningham y Bradley, 2009). Este mecanismo se establece a través de la síntesis hepática de lipoproteínas ricas en triglicéridos, también conocidas como VLDL (Cunningham y Bradley, 2009). En la síntesis de VLDL, los ácidos grasos son esterificados para formar triglicéridos, que están recubiertos por una capa de fosfolípidos, colesterol no esterificado y diversas apolipoproteínas específicas (Cunningham y Bradley, 2009).

Tal como se explicará a continuación, existen dos vías principales para la absorción de lípidos por parte de los tejidos.

- **Vía endógena del metabolismo de las lipoproteínas**

La vía endógena (Figura 1.1) se refiere a la secreción hepática de los triglicéridos y colesterol (este último en menor cantidad). Las partículas de VLDL se asemejan a los quilomicrones y para que se las considere maduras deben adquirir las apolipoproteínas C2 y E a partir de las partículas HDL (Ye y Kwiterovich, 2000). Al igual que los quilomicrones, los triglicéridos de VLDL son hidrolizados por la lipoproteína lipasa (LPL) que es estimulada por la APOC2, liberándose glicerol y ácidos grasos. Éstos últimos son reabsorbidos a nivel tisular, especialmente por los tejidos adiposo y muscular (Frayn, 1998). A las partículas hidrolizadas de VLDL se las denomina remanente de VLDL o lipoproteínas de densidad media (IDLs). Éstas, por acción de la APOE, interaccionan con los receptores IDLs que se encuentran en el hígado, donde se produce una reabsorción hepática de dichas partículas o su hidrólisis por parte de la lipasa hepática (Charlton-Menis y Durrington, 2008). Mediante un mecanismo de endocitosis, el hígado elimina aproximadamente un 40 a 60% de IDL (Frayn, 1998). La hidrólisis de las IDL libera glicerol y ácidos grasos, generando remanentes de IDL, que pasan a denominarse LDL. Las LDL son muy ricas en colesterol libre y ésteres de colesterol y contienen APOB-100 como principal apolipoproteína (Fornaguera y Gómez, 2004). Las partículas de LDL son absorbidas por el hígado y los tejidos periféricos mediante receptores específicos (Frayn, 1998). Los receptores de LDL hepáticos son especialmente importantes para regular las concentraciones plasmáticas de colesterol. Si este mecanismo de regulación falla por alguna causa (p.e. una deficiencia genética), se incrementa la concentración de colesterol sanguíneo, lo que implica un aumento en el riesgo de padecer enfermedades cardíacas (Fornaguera y Gómez, 2004).

La principal función de las HDL consiste en captar el exceso de colesterol de los tejidos y transportarlo de nuevo al hígado (Frayn, 1998), donde puede ser excretado a través de la bilis (transporte reverso de colesterol). Es importante destacar que la síntesis de ácidos biliares y su posterior excreción en las heces representa la única vía de excreción de colesterol (Fornaguera y Gómez, 2004).

- **Vía exógena del metabolismo de las lipoproteínas**

La vía exógena del metabolismo de las lipoproteínas implica la absorción y transporte de los lípidos de la dieta, de los cuales entre el 95 y el 98% son triglicéridos, y el porcentaje restante son fosfolípidos, vitaminas liposolubles y colesterol (Fornaguera y Gómez, 2004). Los lípidos de la dieta son hidrolizados en el lumen intestinal y emulsificados con los ácidos biliares para formar micelas (Figura 1.1). El colesterol, los ácidos grasos y las vitaminas liposolubles son absorbidas en el intestino delgado proximal (Frayn, 1998). El colesterol y el retinol son esterificados, mediante la adición de un ácido graso en el enterocito, para formar los ésteres de colesterol y de retinol, respectivamente (Frayn, 1998). Los ácidos grasos de cadena larga (más de 12 carbonos) son incorporados en los triglicéridos, uniéndose con la APOB-48, ésteres de colesterol, ésteres de retinol, fosfolípidos y colesterol, para formar los quilomicrones (Kathiresan y Rader, 2008). Los quilomicrones de origen intestinal poseen una vida muy corta y su concentración plasmática durante el ayuno es muy baja (Fornaguera y Gómez, 2004). La función principal de los quilomicrones es la de transportar lípidos exógenos hasta el hígado, tejido adiposo y tejido muscular esquelético y cardíaco. Desde el intestino, los quilomicrones viajan a través del sistema linfático hasta ingresar en la circulación sistémica, siendo distribuidos hacia los distintos tejidos y órganos corporales dónde serán degradados. En el transcurso de este proceso, las partículas de HDL ceden APOC2 y APOE a los quilomicrones aún inmaduros, dando lugar a los quilomicrones maduros (Ye y Kwiterovich, 2000). A su vez, las HDL reciben colesterol de los quilomicrones (Fornaguera y Gómez, 2004). A medida que los quilomicrones circulan por los tejidos, especialmente tejido adiposo y muscular esquelético, tiene lugar la hidrólisis de los triglicéridos. Mediante la acción de la APOC2, los quilomicrones maduros activan la lipoproteína lipasa (LPL), enzima que se encuentra en el revestimiento endotelial de los vasos sanguíneos, y los quilomicrones son degradados dando lugar a moléculas de glicerol, ácidos grasos libres y remanentes de quilomicrones (Ye y Kwiterovich, 2000). Los remanentes de quilomicrones son rápidamente eliminados de la circulación por el hígado, gracias a la interacción de la APOE y las APOB-48, presentes en la superficie de la partícula de quilomicrón, con sus correspondientes receptores (Ye y Kwiterovich, 2000; Fornaguera y Gómez, 2004; Kathiresan y Rader, 2008).

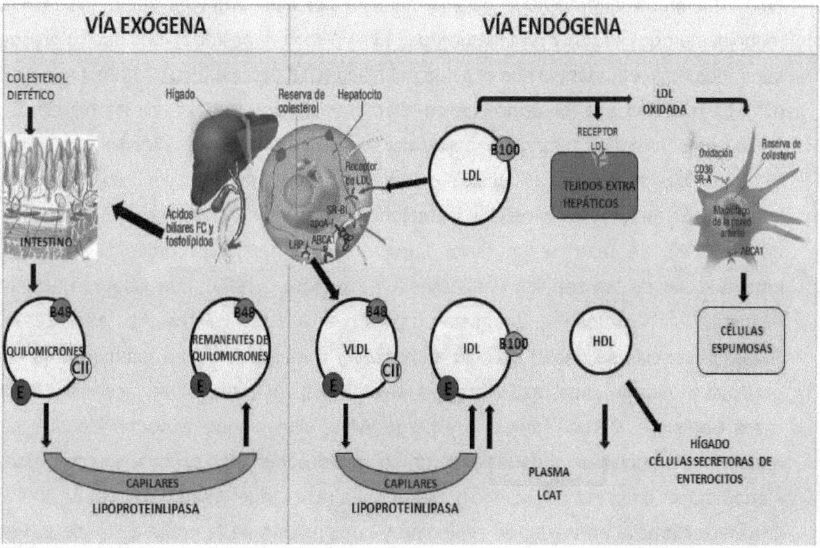

Figura 1.1. Diagrama simplificado de las vías exógena y endógena para el transporte de lípidos. En la vía exógena, los quilomicrones, ricos en triglicéridos de origen dietético, son degradados a nivel tisular por la lipoproteína lipasa, y los ácidos grasos son absorbidos. En la vía endógena, el hígado secreta VLDL ricas en triglicéridos que son degradas por la lipoproteína lipasa a nivel tisular, facilitando la absorción de ácidos grasos libres por parte de los tejidos. Las partículas resultantes reciben el nombre de LDL y son particularmente ricas en colesterol. Así pues, las LDL aportan colesterol a los tejidos y asimismo cabe destacar que poseen un elevado potencial aterogénico. La excesiva captación de LDL por los macrófagos es el evento iniciador de la aterosclerosis, en que los lípidos se depositan en la pared de las arterias ocasionando la oclusión de las mismas.

1.3. Importancia nutricional y tecnológica del contenido y la composición de la grasa intramuscular

1.3.1. Efectos nutricionales

La grasa intramuscular está compuesta por ácidos grasos saturados (40%), monoinsaturados (42%) y poliinsaturados (18%) (Wood *et al.* 2008). Los ácidos grasos saturados más abundantes son el ácido palmítico (C16:0), esteárico (C18:0) y mirístico (C14:0), mientras que los ácidos oleico (C18:1) y linoleico (C18:2) son los principales ácidos grasos monoinsaturado y poliinsaturado, respectivamente (Wood *et al.* 2008). El contenido muscular de ácidos grasos está determinado por una compleja combinación de factores genéticos y ambientales que interactúan entre sí (Wood *et al.* 2004, 2008). La raza es un factor importante en cuanto al contenido de grasa intramuscular de las canales porcinas (Coma y Piquer, 1999), con valores que van desde 1,2% en cerdos Pietrain hasta un 9% en la raza Ibérica (Casellas *et al.* 2012). Estas diferencias se deben no solo al manejo y alimentación, sino también al fondo genético propio de cada raza (Casellas *et al.* 2012). Así, al comparar cerdos de las razas Berkshire, Duroc, Tamworth y Large White alimentados de forma idéntica, se encontró diferencias en el depósito de grasa intramuscular y en el contenido de oleico, siendo mayor en la raza Berkshire y menor en la raza Large White (Wood *et al.* 2008). Otro factor crucial en cuanto al contenido y composición de la grasa es la dieta. Por ejemplo, la adición de aceite de palma y soja en la dieta de cerdos híbridos está asociada a una gran reducción de los ácidos grasos láurico (C12:0) y mirístico (C14:0), mientras que el ácido linoleico se incrementa significativamente (Teye *et al.* 2006).

La composición de la grasa también es importante desde un punto de vista nutricional, ya que una carne más rica en ácidos grasos poliinsaturados y con un menor porcentaje de ácidos grasos saturados se considera que es más cardiosaludable (Gillingham *et al.* 2011). De este modo, el consumo de ácidos grasos saturados está asociado a un incremento del peso corporal y a un mayor perímetro abdominal (Gillingham *et al.* 2011). Asimismo, el elevado consumo de ácidos grasos saturados y colesterol está vinculado a mayores niveles plasmáticos de LDL, uno de los predictores más consistentes del riesgo de sufrir aterosclerosis y enfermedades coronarias. En cambio, los ácidos grasos insaturados tienden a reducir el riesgo de sufrir infarto de miocardio y otras enfermedades coronarias (Weggemans, 2001; Gillingham *et al.* 2011).

1.3.2. Efectos tecnológicos

La calidad de la carne es un concepto que no tiene una definición única y que depende de cuál sea su destino comercial. Para la carne procesada, el principal interés se centra en factores como el pH, la capacidad de retención de agua, estabilidad oxidativa, ausencia de sabores anómalos y la composición y contenido de grasa intramuscular (Tibau, 1992; Ciobanu *et al.* 2011). Un contenido elevado de grasa está asociado a un mayor sabor y jugosidad de la carne (Wood *et al*, 2008). El acelerado crecimiento de algunas líneas comerciales porcinas no permite que haya un depósito significativo de grasa intramuscular durante el periodo de cebo, lo que puede afectar de forma determinante a la calidad sensorial y organoléptica de la carne. Si bien un elevado porcentaje de magro es deseable, el veteado es importante tanto para la industria de fabricación de productos curados como para la aceptabilidad de la carne por parte del consumidor (Tibau, 2004).

Los objetivos de selección han ido cambiando a lo largo del tiempo en función de la demanda de los consumidores (Tibau, 1992). Durante los años 80 se centraban en caracteres de conformación de la canal, principalmente en el porcentaje de magro, mientras que posteriormente han cobrado importancia los objetivos relacionados con la calidad de la carne (Tibau, 1992). Tal como se ha mencionado anteriormente, la selección a favor de incrementar el porcentaje de magro ha conllevado una reducción de la grasa intramuscular, causando un paulatino deterioro de la terneza, aroma y sabor de la carne y una disminución de la consistencia de la grasa (Tibau, 1992).

La grasa intramuscular puede tener efectos sobre distintos caracteres estrechamente ligados a la calidad de la carne (Tabla 1.1). Respecto a la terneza, hay una cierta controversia en cuanto al efecto de la grasa intramuscular. En algunos estudios se detecta una notable correlación positiva entre grasa intramuscular y terneza de la carne (Brewer *et al.* 2001), mientras que por ejemplo, Rincker *et al.* (2008), encontraron una relación no-significativa (es decir, ausencia de efectos de la grasa intramuscular sobre la jugosidad, terneza y sabor de la carne). Todo ello demuestra que la asociación entre grasa intramuscular y terneza es muy compleja y dependiente de múltiples factores que varían dependiendo del material animal analizado. A pesar de que los lípidos poliinsaturados tienen un efecto beneficioso sobre la salud humana, desde un punto de vista tecnológico son perjudiciales ya que se oxidan fácilmente dando lugar a un enranciamiento de la carne, una mayor pérdida por goteo y una disminución de la vida útil de la misma (Wood *et al.* 2008). Dietas suplementadas con aceite de colza o linaza, que son ricos en C18:3, inducen efectos adversos sobre el *flavor* (mezcla de aroma y sabor, directamente traducido del inglés) de la carne (Wood *et al.* 2008). Asimismo, la adición de aceite de pescado en la dieta de cerdos aumenta los niveles de ácidos grasos poliinsaturados de cadena larga n: 3 en la carne, y también provoca la aparición de un olor y sabor a pescado ((Wood *et al.* 2008). Otro parámetro profundamente influenciado por la composición de ácidos grasos es la firmeza de la grasa (Whittington *et al.* 1986), que disminuye a medida que aumenta el contenido de ácidos grasos insaturados.

Tabla 1.1. Correlaciones fenotípicas entre el contenido de grasa intramuscular (IMF) y algunos caracteres de calidad de la carne. Tomado de Sellier, 1998.

Fenotipos	**Perdida por goteo**	**Terneza**	**Capacidad de retención de agua**	**Aceptabilidad**
Contenido IMF	-0.23-0.05	-0.08-0.53	0.02-0.22	0.54-0.68

1.4 Parámetros genéticos de los caracteres lipídicos y respuesta a la selección

1.4.1. Lípidos séricos

Se ha demostrado que las concentraciones de lípidos séricos poseen heredabilidades moderadas en porcino. Por ejemplo, Pond *et al.* (1986) han descrito una heredabilidad de 0.45 para los niveles plasmáticos de colesterol en cerdos. De modo similar, Young *et al.* (1993) estimaron la heredabilidad realizada para este mismo parámetro empleando dos líneas divergentes, y determinaron que oscila entre 0.31-0.33. Casellas *et al.* (2010) estudiaron la población Duroc objeto de la presente tesis y obtuvieron valores moderados de heredabilidad que oscilaban entre 0.27 (LDL a 45 días de edad) y 0.47 (HDL a 45 días). Aunque las concentraciones de lípidos séricos no han sido objeto de selección a nivel comercial, cabe destacar un trabajo experimental llevado a cabo por Pond *et al.* (1993, 1997) en una población cruzada, donde una línea fue seleccionada para niveles altos (HC) y otra para niveles bajos de colesterol (LC). Al cabo de siete generaciones, las concentraciones de colesterol de la línea HC casi doblaban las de la línea LC (115 mg/dL frente a 65 mg/dL), originando también cambios indirectos en las concentraciones de HDL y triglicéridos. Este trabajo permite concluir que el perfil de lípidos séricos puede ser fácilmente modificado mediante técnicas de selección clásica.

1.4.2. *Contenido y composición de grasa intramuscular*

De acuerdo a Sellier (1998), la heredabilidad del contenido de grasa intramuscular varía notablemente dependiendo del estudio que se considere (h^2 de 0.26 a 0.86). Resultados publicados en la raza Duroc sugieren un intervalo más estrecho, oscilando entre 0.38 y 0.57 (Suzuki *et al.* 2009; Solanes *et al.* 2009; Schwab *et al.* 2010). Fernández *et al.* (2003), analizando este carácter en la raza Ibérica, describió una h^2 de 0.25. En definitiva, la heredabilidad de la grasa intramuscular puede considerarse entre moderada y alta. En cuanto a los ácidos grasos más abundantes en la grasa intramuscular (p.e. ácido palmítico, esteárico, oleico y linoleico), muestran valores de heredabilidad que van de moderados a altos (Cameron, 1990; Fernández et al. 2003; Ntawubizi *et al.* 2010; Sellier *et al.* 2010). A modo de ejemplo, para el ácido palmítico se ha descrito valores de h^2 que van desde 0.15 (Sellier *et al.* 2010) a 0.71 (Cameron, 1990). Casellas et al. (2010) describieron las heredabilidades de múltiples ácidos grasos presentes en la grasa intramuscular, observando valores que en general oscilaban entre 0.4 y 0.5. Dichos valores son bastante coincidentes con los descritos en otras publicaciones (p.e. Fernández *et al.* 2003); Sellier (1998); Suzuki *et al.* (2006) y Ntawubizi *et al.* (2010), quienes reportaron valores que oscilaban entre 0.2 y 0.6.

Los ácidos grasos más abundantes presentan, en general, fuertes correlaciones genéticas entre sí. Por ejemplo, el ácido palmítico y esteárico muestran correlaciones positivas que van de 0.74 a 0.91 (Cameron, 1990; Fernández *et al.* 2010). Ntawubizi *et al.* (2010) al medir la composición de ácidos grasos en el músculo *longissimus dorsi* de cerdos comerciales, encontró correlaciones positivas (0.33) entre ácidos grasos saturados *vs* ácidos grasos monoinsaturados. En cambio, las correlaciones entre ácidos grasos saturados y monoinsaturados *vs* ácidos grasos poliinsaturados fueron altas y negativas (valores de -0.41 a -0.88). En definitiva, existe un claro antagonismo entre los contenidos de ácidos grasos saturados y monoinsaturados *vs* ácidos grasos poliinsaturados en la grasa intramuscular porcina.

En la Tabla 1.2, y a modo de ejemplo, se muestran las correlaciones fenotípicas entre el contenido y la composición de la grasa en los músculos *gluteus medius* y *longissimus dorsi* en la población Duroc objeto de estudio.

Tabla 1.2. Correlaciones fenotípicas entre el contenido y la composición de la grasa en los músculos *gluteus medius* y *longissimus dorsi* en una población Duroc. En la diagonal se muestran los coeficientes de correlación entre ambos músculos. Tomado de Quintanilla *et al.* 2011.

		IMF^2	CHOL^2	C14:0	C16:0	C16:1	C18:0	C18:1 $_{n-9}$	C18:1 $_{n-7}$	C18:2	C20:4	SFA^2	PUFA^2	MUFA^2
		Gluteus medius												
IMF^2	*Longissimus dorsi*	0.71***	0.05^{ns}	0.43***	0.37***	0.39***	0.11^{ns}	0.39***	-0-08^{ns}	-0.44***	-0,44***	0.36***	-0.45***	0.40***
CHOL^2		0.07^{ns}	0.00^{ns}	-0.03^{ns}	-0.05^{ns}	0.03^{ns}	0.03^{ns}	0.00^{ns}	-0.01^{ns}	0.01^{ns}	-0.01^{ns}	-0.02^{ns}	0.00^{ns}	0.01^{ns}
C14:0		0.42***	0.13*	0.40***	0.62***	0.72***	-0.21***	0.49***	0.02^{ns}	-0.56***	-0.58***	0.43***	-0.58***	0.53***
C16:0		0.46***	0.11*	0.80***	0.45***	0.49***	0.20***	0.34***	-0.05	-0.59***	-0.52***	0.87***	-0.59***	0.36***
C16:1		0.37***	0.11*	0.75***	0.58***	0.55***	-0.31***	0.53***	0.32***	-0.57***	-0.56***	0.25***	-0.58***	0.61***
C18:0		0.11*	-0.09$^+$	-0.13*	0.18***	-0.25***	0.32***	0.27***	-0.23***	-0.40***	-0.33***	0.65***	-0.39***	0.20***
C18:1 $_{n-9}$		0.42***	0.02^{ns}	0.55***	0.54***	0.55***	0.34***	0.28***	0.12*	-0.93***	-0.91***	0.43***	-0.95***	0.99***
C18:1 $_{n-7}$		-0.03^{ns}	0.04^{ns}	0.02^{ns}	-0.10*	0.35***	-0.22***	0.07^{ns}	0.58***	-0.12*	0.06^{ns}	-0.17**	-0.11*	0.21***
C18:2		-0.46***	-0.03^{ns}	-0.64***	-0.69***	-0.61***	-0.42***	-0.96***	-0.07***	0.33***	0.89***	-0.68***	0.99***	-0.93***
C20:4		-0.45***	-0.05^{ns}	-0.64***	-0.70***	-0.59***	-0.40***	-0.94***	-0.05^{ns}	0.95***	0.28***	-0.60***	0.94***	-0.91***
SFA^2		0.42***	0.05^{ns}	-0.62***	0.88***	0.37***	0.62***	0.62***	-0.17***	-0.78***	-0.77***	0.50***	-0.67***	0.41***
PUFA^2		-0.47***	-0.04^{ns}	-0.65***	-0.71***	-0.61***	-0.42***	-0.97***	-0.07^{ns}	1.00***	0.97***	-0.79***	0.30***	-0.95***
MUFA^2		0.43***	0.03^{ns}	0.58***	0.55***	0.64***	0.28***	0.99***	0.16***	-0.96***	-0.94***	0.60***	-0.97**	0.28***

^{2}IMF: % de grasa intramuscular. CHOL: Contenido de colesterol en el músculo (mg/g). MUFA: % total de ácidos grasos monoinsaturados. PUFA: % total de ácidos grasos poliinsaturados. SFA: % total de ácidos grasos saturados.

$^+0.05<P<0.1$, $^*P<0.05$, $^{**}P<0.01$, $^{***}P<0.001$, ^{ns}:no significativo

1.5 Identificación de quantitative trait loci en especies domésticas. Aspectos generales.

El concepto de *quantitative trait locus* (QTL) se refiere a una región del genoma que contiene uno o varios polimorfismos con un efecto significativo sobre un carácter cuantitativo (Falconer y Mackay, 1996). Los estudios de detección de QTL se basan en determinar si existe una asociación entre la variación fenotípica bajo estudio y la segregación de un panel de marcadores moleculares (Georges, 2007). En caso de existir una asociación significativa, cabe inferir que en una zona del genoma más o menos próxima al marcador hay un polimorfismo con un efecto importante sobre el carácter estudiado (Georges, 2007). La identificación de QTL es una etapa principal en el proceso de localización de mutaciones causales que luego puedan ser empleadas como fuente de información genética en los programas de selección. En el ganado porcino, los primeros experimentos de identificación de QTL se realizaron en poblaciones F_2 que procedían del cruce de razas con fenotipos divergentes para el carácter estudiado (Rothschild *et al.* 2007). Poco después, se abordó el análisis de poblaciones comerciales demostrando que un número significativo de los QTL detectados en cruces divergentes segregan en las mismas (Evans *et al.* 2003; Vidal *et al.* 2005; Uddin *et al.* 2011). La aproximación estadística más comúnmente empleada para la detección de QTL se basa en el método de cartografiado por intervalos descrito por Lander y Botstein (1989), aproximación que permite estimar de forma separada el efecto y la localización de un QTL, pero que desde un punto de vista computacional, resulta compleja. Un avance significativo fue la implementación de un método basado en la regresión (*regression interval mapping*) que computacionalmente resulta más sencillo y que ofrece buenas aproximaciones al método basado en la máxima verosimilitud (Haley y Knott, 1992).

Tal como se ha mencionado anteriormente, el diseño experimental más habitual en la identificación de QTL implica el cruzamiento de dos razas divergentes para el carácter que se pretende estudiar y la generación de una población F_1 que luego puede retrocruzarse con una de las razas parentales (diseño retrocruzamiento o *backcross*) o bien puede entrecruzarse dando lugar a una población F_2 (Georges, 2007). Este último diseño, aunque es más complejo que el retrocruzamiento, es el más empleado dada su gran polivalencia (Georges, 2007). En general se asume que en cada una de las poblaciones parentales se han fijado los alelos alternativos del QTL, por lo que los individuos F_1 serán todos heterocigotos Qq y en la generación F_2 estarán presentes los tres genotipos QQ, Qq y qq. El inconveniente de este método es que básicamente permite detectar polimorfismos entre razas y los programas de selección, en cambio, están enfocados a modificar la variación genética dentro de las razas que constituyen los núcleos de selección.

La búsqueda de QTL en poblaciones comerciales se realiza mediante el análisis de múltiples familias de medios hermanos (Knott, 2005). Esta aproximación, sin embargo, también tiene inconvenientes. Por ejemplo, un individuo parental únicamente es informativo si posee un genotipo heterocigoto tanto para el marcador analizado como para el QTL (Knott, 2005). Además un QTL puede segregar en ciertas familias y no en otras, o puede hallarse en distintas fases de desequilibrio de ligamiento con los distintos alelos de los marcadores analizados (Knott, 2005).

En cualquier caso, una vez que ha sido identificado un QTL, el siguiente paso consiste en refinar de la posición del mismo mediante el uso de marcadores localizados en el correspondiente intervalo de confianza (Georges, 2007). Tradicionalmente se han empleado marcadores de tipo microsatélite con esta finalidad, aunque la reciente caracterización de millares de polimorfismos nucleotídicos sencillos (SNP) en el ganado porcino y la puesta a punto de metodologías de genotipado a gran escala ha hecho que los SNP sean actualmente los marcadores de elección. En este sentido, cabe destacar la optimización de un chip de SNP porcinos de alta densidad (60K, es decir 62.000 SNP distribuidos en el genoma porcino) fruto de la colaboración entre la empresa Illumina y el *International Porcine SNP Chip Consortium* (http://www.reeis.usda.gov/web/crisprojectpages/212751.html). Dicho panel de SNP fue generado a partir de la secuenciación masiva de individuos de distintas razas porcinas (Duroc, Landrace, Large White, poblaciones chinas etc.). A pesar de estos avances, la identificación de las mutaciones causales subyacentes a los QTL es un proceso extraordinariamente complejo y costoso, tanto en las especies domésticas como en los organismos modelo y en humano (Georges, 2007).

1.6. Detección de QTL relacionados con caracteres de interés productivo en el ganado porcino

El número de QTL identificados en el ganado porcino es muy elevado (6432 QTL identificados hasta la fecha, en un total de 284 estudios), siendo una de las especies domésticas más caracterizadas en este aspecto. Los caracteres vinculados al crecimiento, al engrasamiento y, en menor medida al contenido y la composición de la grasa intramuscular han sido los más estudiados. En cambio, fenotipos relacionados con los lípidos séricos, parámetros sanguíneos (pH de la sangre, recuento de eritrocitos y leucocitos etc.), contenido de colesterol, androstenona y escatol en el músculo etc. han sido poco estudiados desde un punto de vista molecular (Gallardo *et al.* 2008, Chen *et al.* 2009; Uddin *et al.* 2011)

1.6.1. QTL relacionados con las concentraciones de lípidos séricos

Debido a la complejidad inherente a la medición de lípidos séricos, estos caracteres han sido poco estudiados a nivel genético en cerdos. No obstante, aunque no tengan una aplicación directa en producción animal, estos caracteres son muy relevantes desde un punto de vista biomédico ya que los cerdos con hipercolesterolemia sufren lesiones ateroscleróticas muy similares a las observadas en humano (Hasler-Rapacz *et al.* 1995). El barrido genómico para lípidos séricos realizado por Gallardo *et al.* (2008) en cerdos de la raza Duroc a la edad de 45 y 190 días demostró la existencia de QTL significativos a nivel genómico para la concentración de triglicéridos a 190 días en SSC4 (23 cM) y para la ratio HDL/LDL a 45 días (SSC6, 84 cM). También se detectó la existencia de QTL significativos a nivel cromosómico en SSC3, SSC9, SSC12 y SSC13. Cabe destacar que se observó una considerable correspondencia posicional entre los QTL de lípidos séricos detectados en cerdo y en humano (Gallardo *et al.* 2008), y que la mayor parte de QTL detectados en la población Duroc sólo segregaban en ciertas familias. Posteriormente, Gallardo y colaboradores (resultados no publicados) procedieron a refinar la posición del QTL de SSC4 para triglicéridos a 190 días y de los QTL para LDL a 190 días y HDL a 45 días en SSC13. Los resultados obtenidos se muestran en la Figura 1.2. Puede observarse que al realizar el refinamiento posicional, los intervalos de confianza de los QTL apenas se redujeron e incluso en algún caso aumentaron. Este resultado tan paradójico puede atribuirse al hecho de que aumentar el número de marcadores genotipados tiene un efecto menor sobre la reducción del intervalo de confianza de un QTL, mientras que el tamaño poblacional parece tener un efecto mucho más marcado sobre este parámetro (Darvasi y Soller, 1997).

Por otra parte, cabe destacar que Chen *et al.* (2009), en un cruce de cerdos de las razas White Duroc y Erhualian, detectaron la existencia de QTL altamente significativos para lípidos séricos en SSC2 y SSC8. Más recientemente Uddin *et al.* (2011) encontraron QTL significativos para colesterol total (SSC1, 80 cM; SSC6, 99cM; SSC7, 70 cM y SSC12, 36cM), HDL (SSC2, 118 cM), LDL (SSC1, 82 cM), ratio HDL/LDL (SSC1, 87 cM) y triglicéridos (SSC11, 28 cM; SSC17, 72 cM). Estos estudios confirman la existencia de un importante nivel de variación genética para caracteres relacionados con las concentraciones de lípidos séricos en porcino.

QTL para Triglicéridos a 190 días (SSC4)

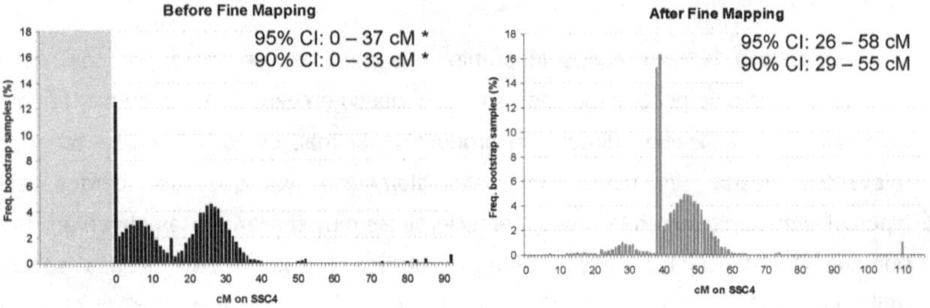

QTL para HDL a 45 días (SSC13)

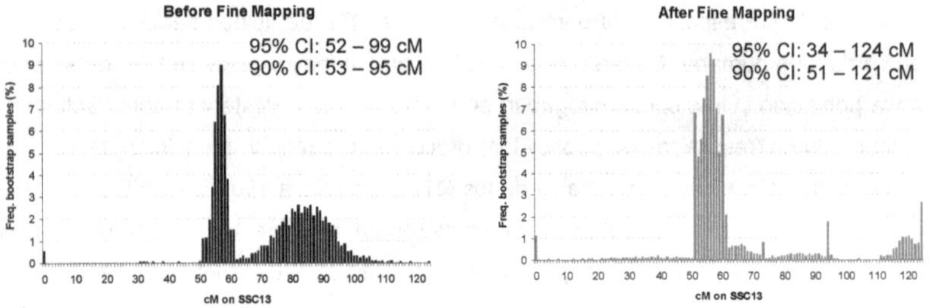

QTL para LDL a 190 días (SSC13)

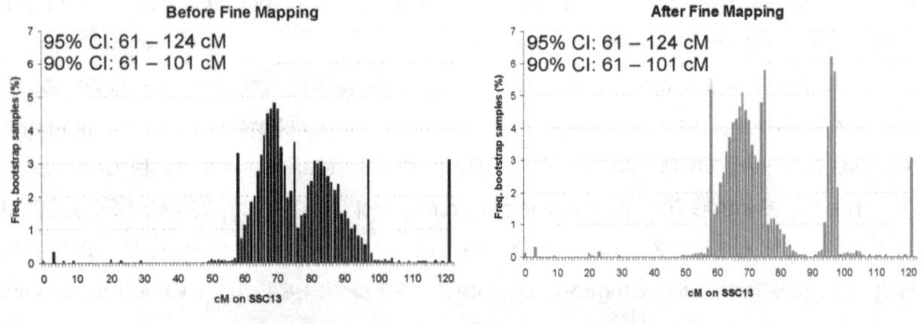

Figura 1.2. Intervalo de confianza de tres QTL para lípidos séricos detectados por Gallardo *et al.* (2008). Puede observarse los resultados obtenidos antes y después de la realización de un cartografiado fino con un panel de microsatélites.

En la Figura 1.3 se muestran los QTL identificados hasta la fecha para lípidos séricos. Puede observarse que QTL para distintos caracteres mapean en zonas similares, lo cual sugiere la existencia de mutaciones causales con efectos pleiotrópicos. También se observa que los cromosomas SSC3, SSC9 y SSC13 son los que presentan un mayor número de QTL.

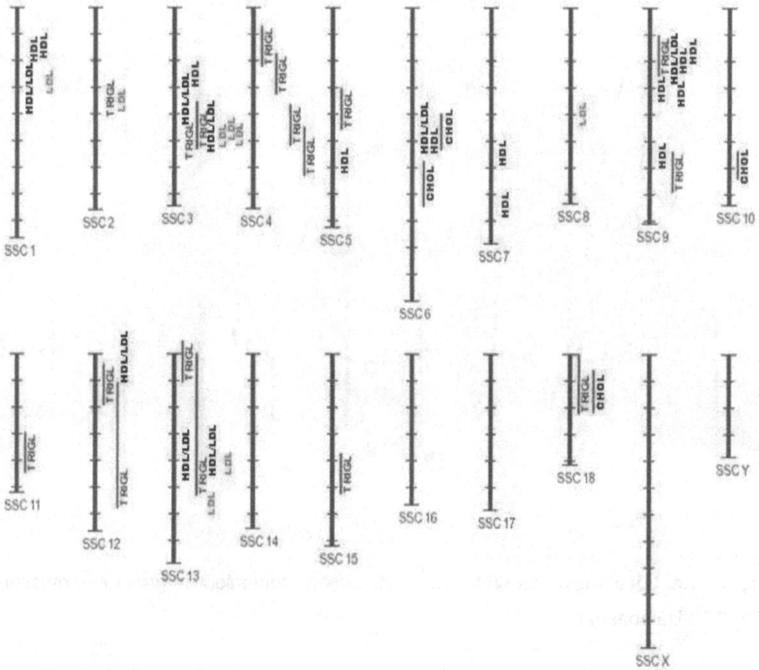

Figura 1.3. Localización de QTL con efectos sobre las concentraciones séricas de colesterol (CHOL), lipoproteínas de alta densidad (HDL), lipoproteínas de baja densidad (LDL), triglicéridos (TRIGL) y ratio HDL/LDL. (Pig QTL Database)

1.6.2. QTL relacionados con el contenido y la composición de la grasa intramuscular

En la última década, se ha realizado numerosos barridos genómicos para caracteres relacionados con el porcentaje de la grasa intramuscular (p.e. Grindflek *et al.* 2001; Ovilo *et al.* 2002; Sato *et al.* 2003; Mohrmann *et al.* 2006; Rohrer *et al.* 2006; Sánchez *et al.* 2007; Duthier *et al.* 2008; Maet *et al.* 2009; Soma *et al.* 2011;

Quintanilla *et al.* 2011). Como resultado de ello, un gran número de QTL han sido anotados en la Pig QTL database (Figura 1.4). Puede observarse que los cromosomas SSC6, SSC7 y SSC9 son los que presentan un mayor número de QTL para este carácter. Ello concuerda con la naturaleza poligénica del porcentaje de grasa intramuscular.

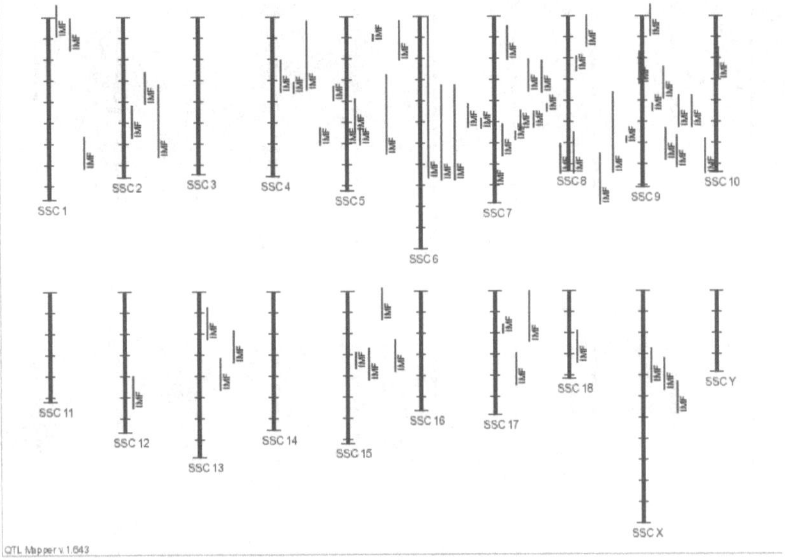

Figura 1.4. Localización de QTL con efectos sobre contenido de grasa intramuscular (Pig QTL Database).

Igualmente, se ha publicado numerosos estudios sobre QTL que afectan a la composición de la grasa intramuscular. Por ejemplo, se ha hallado QTL para palmítico en los cromosomas SSC4, 7, 8, 12, 14, 15, 16 y 17; para oleico en SSC1, 4, 7, 8, 10, 12, 13, 15 y X; para linoleico en SSC1, 2, 4, 5, 7, 8, 10 y 14 y para esteárico en SSC1, 4, 8, 9, 10, 12, 14 y X. Dichos QTL están representados en la Figura 1.5, donde podemos observar como varios de los QTL detectados muestran concordancia posicional, sugiriendo la existencia de factores pleiotrópicos.

Quintanilla *et al.* (2011) en cerdos de la raza Duroc, población que forma parte de la presente tesis, cartografió diversos QTL para el porcentaje y la composición de la grasa intramuscular. Pudo comprobarse que existe una notable falta de concordancia posicional entre los QTL detectados para estos caracteres en los músculos *gluteus medius* y *longissimus dorsi*, lo cual sugeriría que los mecanismos que gobiernan el almacenamiento de lípidos en estos dos músculos son, hasta cierto punto, distintos. También resulta de interés destacar la existencia de un QTL significativo a nivel genómico para colesterol muscular (SSC6), carácter que ha sido muy poco estudiado en porcino y que podría ser de gran interés para obtener una carne más saludable.

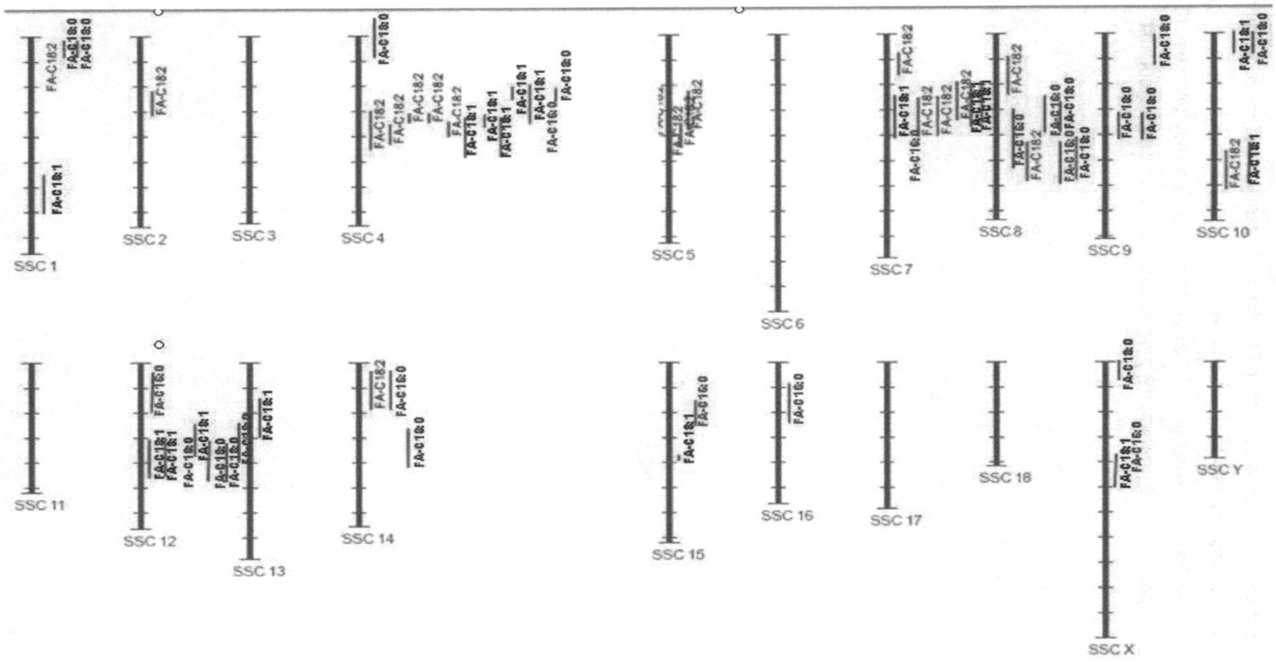

Figura 1.5. Localización de QTL con efectos sobre el contenido de ácidos grasos (Pig QTL Database).

En la Tabla 1.3 se muestra de forma más detallada distintos trabajos donde se ha identificado QTL para la composición de ácidos grasos a nivel muscular.

Tabla 1.3 QTL asociados a la composición de la grasa intramuscular

Carácter	SSC	Referencia
Araquidónico	4 y 7	Guo *et al.* 2009
Esteárico	8	Guo *et al.* 2009
	14	Uddin *et al.* 2011
	9 y 14	Sánchez *et al.* 2007
	1, 9 y X	Nii *et al.* 2006
Linoleico	4	Clop *et al.* 2003
	7	Quintanilla *et al.* 2011
	4, 17	Nii *et al.* 2006
	4, 7 y 8	Guo *et al.* 2009
	1, 7, 10 y 14	Sánchez *et al.* 2007
Mirístico	9	Sánchez *et al.* 2007
	16	Nii *et al.* 2006
	10	Clop *et al.* 2003
	10	Guo *et al.* 2009
Oleico	8	Clop *et al.* 2003
	7	Quintanilla *et al.* 2011
	14	Uddin *et al.* 2011
	2 y 4	Nii *et al.* 2006
	4 y 7	Guo *et al.* 2009
	1, 7, 10 y 13	Sánchez *et al.* 2007
Palmítico	8	Clop *et al.* 2003
	7 y X	Guo *et al.* 2009
	8, 14 y 16	Sánchez *et al.* 2007
	3, 6, 14 y 15	Nii *et al.* 2006
Palmitoleico	13	Guo *et al.* 2009
	1 y 9	Nii *et al.* 2006
	10 y 12	Sánchez et al. 2007
Vaccénico	15	Nii *et al.* 2006

1.7 Genes candidatos

Genes candidatos son aquéllos que por la posición que ocupan en el genoma (candidato posicional) y/o por las propiedades funcionales de la molécula que codifican (candidato funcional) podrían contener una mutación causal que explicase la segregación de un determinado QTL.

Al realizar barridos genómicos, se definen los intervalos de confianza de los QTL detectados y se analiza su contenido génico. A partir de dicha información, puede seleccionarse genes cuya función esté relacionada con el fenotipo asociado al QTL. Dichos genes son candidatos posicionales y funcionales. Según Ron y Weller (2007), para que un gen sea considerado como candidato a contener la mutación causal debe cumplir las siguientes condiciones:

- El gen debe tener una función fisiológica relacionada con el fenotipo de interés. Asimismo, debe existir evidencias funcionales previas, p.e. experimentos con ratones *knockout*, que indiquen que el gen verdaderamente tiene un efecto detectable sobre el fenotipo bajo estudio.
- El gen debe estar preferentemente expresado en órganos o tejidos relacionados con el carácter que se pretende analizar.
- El gen debe estar contenido en el intervalo de confianza del QTL.

En principio puede distinguirse a aquellas mutaciones que afectan a la estructura proteica y que, por ejemplo, implican un cambio de aminoácido (ya sea conservativo o no-conservativo) o bien, aquéllas que inactivan la función proteica provocando la aparición de un codón prematuro de la traducción. Otros polimorfismos, en cambio, pueden afectar la expresión génica, localizándose a nivel de promotor, intrones o región 3'UTR, así como en la secuencia o en la diana de RNA reguladores (Georges, 2007). Atendiendo al tipo de polimorfismos, también puede considerarse diversas categorías. Particularmente abundantes son los polimorfismos nucleotídicos sencillos (SNP, *single nucleotide polymorphisms*) que consisten en la sustitución de una base por otra. Otros tipos de polimorfismos serían los indels (inserciones/deleciones), los microsatélites, las inserciones de retrotransposones, las variaciones en el número de copias (*copy number variation* o CNV) y las reordenaciones cromosómicas p.e. inversiones y translocaciones (Ibeagha-Awemu *et al.* 2008). En las Tablas 1.4 y 1.5 se detallan distintos polimorfismos que presentan asociaciones significativas con el contenido y la composición de la grasa intramuscular en ganado porcino (información basada en el trabajo de Casellas *et al.* 2012).

Tabla 1.4. Polimorfismos que presentan asociaciones con el contenido de la grasa intramuscular en el ganado porcino (basado en Casellas *et al.* 2012).

Gen	**Polimorfismo**	**Raza**	**Referencia**
ACACA	c.4899G>A c.5196T>C	DU	Muñoz *et al.* (2007)
CMYA3	A7189C	ME, DU, LW, LD, TO, QI	Xu *et al.* (2011)
ENO3	G404delT	YK, LD, YKxLD, YKxME	Wu *et al.* (2008)
FABP3	*Hae*III, *Hinf*I, *Msp*I, RFLP	DU	Gerbens *et al.* (1998)
	*Msp*I RFLP	PI, LW, LD	Nechtelberger *et al.* (2011)
	*Hae*III RFLP	IB x LD	Óvilo *et al.* (2002)
	*Hinf*I RFLP	LW, LD	Urban *et al.* (2002)
	*Hinf*I RFLP	LD/DU x LD/YK	Árnyasi *et al.* (2006)
	*Hae*III, *Hinf*I, *Msp*I, RFLP	Diversas razas chinas	Pang *et al.* (2006)
	*Hinf*I RFLP	BE	Lee *et al.* (2010)
	*Hinf*I RFLP	DU	Schwab *et al.* (2009)
FTO	c.594C>G , c.1119-261A>G	BE x YK	Fan *et al.* (2007)
	g.276T>G	Cerdos comerciales	Fontanesi *et al.* (2010)
HDLBP	c.3120 G>A	DU	Cánovas *et al.* (2009)
LEPR	*Hpa*II RFLP	IB x LD	Óvilo *et al.* (2002)
	c.221C>T, c.1160A>C, c. 2002 C>T	IB x LD	Óvilo *et al.* (2005)
	T232A	LD	Mackowski *et al.* (2005)
	c.2002C>T	IB x DU	Muñoz *et al.* (2011)
LP1N1	C93T	LW, TO y cruces	He *et al.* (2009)
MC4R	c. 1426 A>G	IB x DU	Muñoz *et al.* (2011)
MYOD1	*Dde*I RFLP	LW, LD	Verner *et al.* (2007)
	*Dde*I RFLP	LW x ME	Liu *et al.* (2008)

BE: Berkshire, DU: Duroc, IB: Ibérico, ME: Meishan, LD: Landrace, LW: Large White, TO: Tongsheng, YK: Yorkshire.

Tabla 1.5. Polimorfismos que presentan asociaciones con la composición de la grasa intramuscular en el ganado porcino (basado en Casellas *et al.* 2012).

Gen	**Variante**	**Raza**	**Asociación**	**Referencia**
ACACA	c.5634T>C, c.6681G>T	IB x LD	C16:1, C18:0, C18:1	Muñoz *et al.* (2007)
	c4899G>A, c.5196T>C	DU	C14:0, C16:0, C18:0 C18:1, C20:4	Gallardo *et al.* (2009)
ACSL4	c.2645G>A	IB x LD	MUFA	Mercadé *et al.* (2006)
FABP3	*Hae*III, *Hinf*I, *Msp*I RFLP	BE	SFA, MUFA	Lee *et al.* (2010)
FASN	c.1256A>G	IB x LD	C20:3	Muñoz *et al.* (2007)
GIP	c.77A>G, c.394A>C	IB x LD	C16:1, C18:0	Muñoz *et al.* (2007)
MTTP	c. 2573T>C	IB x DU	C14:0, C16:0, C16:1 C18:0, C18:1, C18:3 C20:1, C20:2	Estellé *et al.* (2009)
SCD	-353C>T, -233T>C		C14:0, C18:0, C18:1	Uemoto *et al.* (2012)

BE: Berkshire, DU: Duroc, IB: Ibérico, LD: Landrace MUFA: Ácidos grasos monoinsaturados, SFA: Ácidos grasos saturados.

Tal como se ha comentado anteriormente, el barrido genómico realizado por Gallardo et al. (2008) para lípidos séricos en una población comercial Duroc permitió identificar dos QTL de interés en los cromosomas 4 y 13 (Figura 1.2). El análisis del contenido génico de estas 2 regiones permitió identificar tres genes relacionados con el metabolismo lipídico: *low density lipoprotein receptor-related protein 12* (*LRP12*) y T*ribbles 1* (*TRIB1*), situados en SSC4, y adiponectina (*ADIPOQ*) en SSC13. Estos tres genes han sido caracterizados en la presente tesis. En el marco de un proyecto de colaboración con investigadores del área de Genètica i Millora Animal, del IRTA de Lleida, también se procedió a caracterizar tres genes (*SLC27A1*, *SLC27A2* y *SLC27A4*) que son candidatos funcionales para caracteres lipídicos.

1.7.1 *Tribbles 1, Drosophila homolog (TRIB1)*

El gen *TRIB1* pertenece a la familia génica Tribbles, que codifica una serie de moléculas con distintas funciones biológicas. En Drosophila, las moléculas Tribbles regulan distintos estadios del desarrollo embrionario (Hegedus *et al.* 2006). En mamíferos, se ha descrito la existencia de tres moléculas Tribbles (TRIB1, TRIB2 y TRIB3), que juegan un importante papel en distintas rutas de señalización reguladas por proteinquinasas activadas por mitógenos (MAPK) (Kiss- Toth *et al.* 2004; Hegedus *et al.* 2006). El gen *TRIB1* humano se encuentra localizado en el cromosoma 8q24.13 (Wilkin *et al.* 1997, Hegedus *et al.* 2006), posee tres exones y codifica una proteína de 372 aminoácidos (base de datos Ensembl). En general, las moléculas Tribbles regulan la actividad de distintas quinasas de MAPK, es decir de proteínas que fosforilan a las MAPK (MAPKK). El gen *TRIB1* humano está sobre-expresado en arterias con lesiones ateroscleróticas (Sung *et al.* 2007). Asimismo, la realización de estudios de asociación a nivel genómico (GWA) ha permitido demostrar la existencia de un SNP localizado en la región 3´UTR del gen *TRIB1* que presenta un efecto muy significativo sobre las concentraciones de triglicéridos, HDL y LDL (Kathiresan *et al.* 2008, Willer *et al.* 2008). La base molecular de dicha asociación aun no ha sido definida.

Desde un punto de vista de genómica funcional, en un trabajo realizado en ratones se encontró que el aumento en la expresión del gen *TRIB1* causaba una reducción en los niveles de triglicéridos y colesterol en plasma. Por el contrario, ratones *knockout* mostraron niveles elevados de triglicéridos y colesterol en plasma, fundamentalmente debido a una mayor producción de VLDL. Dichos resultados demuestran que TRIB1 está directamente implicado en la lipogénesis hepática y en la síntesis de VLDL (Burkhardt *et al.* 2010). Por otra parte, se sabe que ratones transgénicos que sobre-expresan el gen *TRIB3* muestran un menor engrasamiento que los individuos control cuando se les suministra una dieta rica en grasas (Qi *et al.* 2006) probablemente debido a que tienen una mayor tasa de β-oxidación de ácidos grasos y un incremento del gasto energético.

1.7.2 *Low density lipoprotein receptor-related protein 12 (LRP12)*

La molécula LRP12 (también llamada ST7) es un miembro de la familia de los receptores de LDL (LRP, Figura 1.6) (Blacklow *et al.* 2007). El gen *LRP12* fue caracterizado por primera vez por Qing *et al.* (1999), quienes determinaron su localización en el cromosoma humano 8q22 y que codifica una proteína de 859 aminoácidos. La región codificante está constituida por cuatro exones. Prácticamente no se sabe nada acerca de la función de la molécula LRP12 (ni siquiera en organismos modelo), aunque existen evidencias de que podría estar implicada en fenómenos de endocitosis de lípidos y transducción de señales (Battle *et al.* 2003).

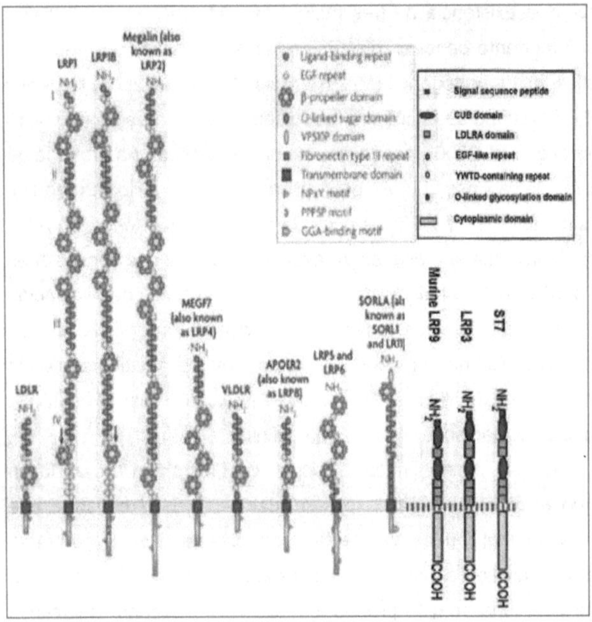

Figura 1.6. La familia LRP está formada por un conjunto de moléculas que comparten distintos dominios estructurales y están implicadas en fenómenos de endocitosis de lípidos y transducción de señales. La molécula indicada como ST7 en realidad corresponde a LRP12.

Hofmann y colaboradores (2007) produjeron ratones en los que el gen *LRP1* se hallaba inactivado a nivel del tejido adiposo y observaron que dichos ratones presentaban un menor peso y engrasamiento, una mayor resistencia a la obesidad inducida por la dieta y un elevado gasto energético. En este sentido, Hofmann y colaboradores concluyeron que LRP1 ejerce un papel fundamental en la regulación de la homeostasis energética del adipocito. De modo similar, Mason *et al.* (2009) produjeron ratones *knockout* para LRP1, demostrando diferencias en el depósito de grasa al compararlos con ratones normales.

En cuanto al gen *LRP2*, se sabe que es un receptor que, de forma similar a LRP1, posee la capacidad de unirse a múltiples ligandos como p.e. LDL, VLDL, apolipoproteínas H y J, vitaminas A, B12, D y esteroides (May *et al.* 2009). Otros miembros relevantes de esta familia son LRP5 y LRP6 que forman parte de la ruta de señalización Wnt, la cual juega un papel fundamental en el metabolismo de la glucosa y los lípidos (Jin, 2008). De este modo, ratones deficientes en LRP5 alimentados con una dieta alta en grasas presentan una elevación de los niveles de colesterol plasmático (Jin, 2008). Mani y colaboradores (2007) establecieron la existencia de una asociación entre una mutación del gen *LRP6* (R611C) y susceptibilidad a patologías de tipo coronario, hipertensión, diabetes y baja densidad ósea, así como con un incremento en las concentraciones de LDL y triglicéridos. Asimismo, mutaciones en los genes *LRP5* y *LRP6* han sido asociadas con un incremento del riesgo de sufrir obesidad, osteoporosis y el síndrome metabólico (MacDonald *et al.* 2009; Prestwich y Macdougald, 2007; Guo *et al.* 2009; Riancho *et al.* 2012).

1.7.3 Adiponectina (ADIPOQ)

La adiponectina es una adipoquina que regula diversos procesos metabólicos relacionados con la lipogénesis, la β-oxidación de los ácidos grasos y la gluconeogénesis (Danniele *et al.* 2008; Scherer *et al.* 1995; Nakano *et al.* 1996). Desde un punto de vista clínico, también juega un papel importante en el desarrollo de resistencia a la insulina y diabetes de tipo 2, disminuyendo el riesgo de padecerla (Menzaghi *et al.* 2007). Los efectos de la adiponectina se explican a través de su interacción con dos receptores AdipoR1 y AdipoR2 (Dall´Olio *et al.* 2009).

El gen *ADIPOQ* humano tiene un tamaño de 16 kb y está situado en el cromosoma 3q27 (Saito *et al.* 1999). En el cerdo, el gen ortólogo está situado en el cromosoma 13, y más concretamente en la región 13q36-41 (Cepica *et al.* 2005; Dai *et al.* 2006). El gen *ADIPOQ* contiene tres exones que codifican una proteína de 244 aminoácidos. En estudios realizados en cerdos, se determinó que el tejido graso visceral posee un mayor contenido de adiponectina que el subcutáneo, (Danniele *et al.* 2008). Así mismo, en humano se ha demostrado que el polimorfismo del gen ADIPOQ está asociado a la susceptibilidad a la diabetes de tipo 2 y la obesidad (Wang *et al.* 2006; Gable *et al.* 2006; Vaseur *et al.* 2003; Karki *et al.* 2011). En ratones con una expresión aumentada del gen *ADIPOQ* se detectó una reducción en la concentración de ácidos grasos en plasma (Shetty *et al.* 2012). Yang *et al.* (2012). Igualmente, Karmelic y colaboradores (2012) identificaron dos mutaciones en el promotor del gen

ADIPOQ humano que afectan a las concentraciones plasmáticas de adiponectina y que están asociadas significativamente al perímetro abdominal y al riesgo de padecer el síndrome metabólico.

1.7.4 *Solute carrier family 27A (fatty acid transporter), members 1, 2 y 4 (SLC27A1, SLC27A2 y SLC27A4)*

Las proteínas *solute carrier family 27 member* (*SLC27A*), también conocidas como ***fatty acid transport proteins*** (FATP), están relacionadas con la captación de ácidos grasos de cadena larga (más de 20 carbonos) a nivel tisular, tal como se indica en la Figura 1.6 (Tomada de Stahl et al. 2001).

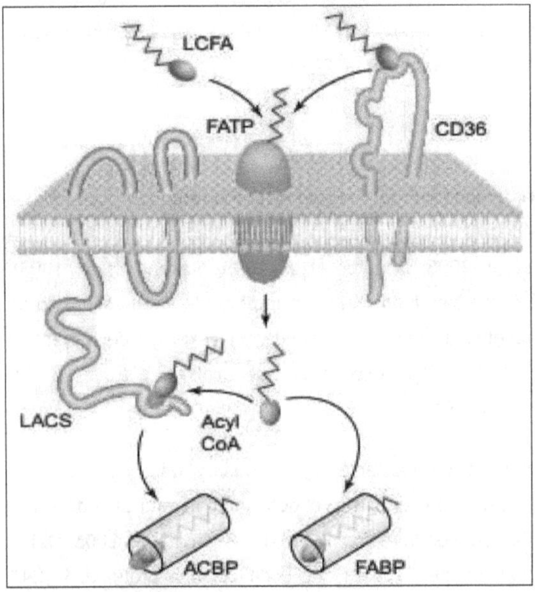

Figura 1.7. Proteínas SLC27A (indicadas como FATP), las cuales participan en el transporte a través de la membrana plasmática de ácidos grasos de cadena larga.

En humano y ratón los genes SLC27A codifican seis proteínas homólogas presentes en varios tejidos (Tabla 1.6, basada en Glatz *et al.* 2010).

Tabla 1.6. Genes pertenecientes a la familia SLC27A y su patrón de expresión tisular.

Gen	Expresión tisular
SLC27A1	Grasa, corazón, músculo esquelético, cerebro, riñón, piel, pulmón
SLC27A2	Riñón, hígado, intestino
SLC27A3	Pulmón, hígado, testículo, piel
SLC27A4	Intestino, cerebro, riñón, hígado, piel, pulmón, corazón, grasa, músculo esquelético.
SLC27A5	Hígado
SLC27A6	Corazón

En la presente tesis, y en el marco de un proyecto de colaboración con el IRTA cuya finalidad consistía en determinar la localización genómica, expresión tisular y la variabilidad de los genes *SLC27A* porcinos, se ha procedido a caracterizar el polimorfismo de los genes *SLC27A1*, *SLC27A2* y *SLC27A4*. Por ello, a continuación se describirán las características generales de estos tres genes.

La proteína SLC27A1 se expresa mayoritariamente en el tejido adiposo (Schaffer y Lodish, 1994). El gen que codifica esta proteína se encuentra localizado en el cromosoma 19p13.11 humano (Strauberg *et al.* 2002). En un estudio realizado por Meirhaeghe y colaboradores (2000), se ha identificado un polimorfismo en el intrón 8 del gen *SLC27A1* asociado al aumento de los niveles de triglicéridos en plasma. El análisis de ratones transgénicos con una expresión aumentada del gen *SLC27A1* ha permitido verificar un incremento muy significativo en la tasa de absorción de ácidos grasos (Chiu *et al.* 2005). Por el contrario, en ratones *knockout* para el gen *SLC27A1* no se observó una reducción importante en la absorción de ácidos grasos, posiblemente debido a la existencia de redundancia funcional (Wu *et al.* 2006). En cuanto al gen *SLC27A2*, Falcon y colaboradores (2010) demostraron que la inactivación funcional de este gen implica una reducción del 40% en la captación hepática de ácidos grasos de cadena larga y una menor susceptibilidad a la esteatosis hepática. Asimismo, SLC27A2 posee una actividad sintetasa de ácidos grasos de cadena larga a nivel de los peroxisomas del hígado, por lo que se le considera una molécula multifuncional. Respecto al gen *SLC27A4*, el correspondiente mRNA se expresa mayoritariamente en el intestino (Stahl *et al.* 1999). La inactivación funcional del gen *SLC27A4* en enterocitos cultivados evidenció una disminución del 50% en la captación de ácido oleico (Stahl et al. 1999). De modo similar, Gimeno y colaboradores (2003) eliminaron selectivamente un alelo del gen *SLC27A4* en ratones y observaron una drástica reducción (40%) en la absorción de ácidos grasos por parte de los enterocitos. Asimismo, se comprobó que la eliminación de los dos alelos del gen *SLC27A4* ocasionaba un cuadro de letalidad embrionaria temprana.

1.8 *Copy number variation* (CNV)

El término *copy number variation* o CNV engloba reordenaciones estructurales , con un tamaño entre 1 kb y varias megabases, que implican una ganancia (duplicación) o pérdida (deleción) en el número de copias de una región genómica (Iafrate *et al.* 2004; Sebat *et al.* 2004; Sharp *et al.* 2005; Tuzun *et al.* 2005). Esta variación estructural puede tener consecuencias fenotípicas, alterando la expresión génica (p.e. pérdida de un elemento regulador) y la estructura de los tránscritos p.e. a través de la eliminación de uno o más exones (Lupski y Stankiewicz, 2006; Kleinjan y van Heyningen, 2005). En humano, se ha identificado miles de CNV empleando distintas metodologías (Conrad *et al.* 2010; Pang *et al.* 2010; Park *et al.* 2010). A modo de ejemplo, Conrad y colaboradores (2010) identificaron 8599 CNV que globalmente abarcaban un total de 112 Mb, es decir un 3.7% del genoma humano. Esta cifra podría ser conservadora ya que existen evidencias de que los CNV podrían cubrir hasta un 13% del genoma humano (Stanklewicz y Lupski, 2010). Todo ello sugiere que los CNV pueden ser una fuente muy importante de variación fenotípica. Desde un punto de vista biomédico, en humano se ha podido evidenciar la existencia de una notable asociación entre CNV y distintas enfermedades neurodegenerativas (De Cid *et al.* 2009; Glessner *et al.* 2010). Por otra parte, los CNV y otras variantes estructurales podrían desempeñar un papel muy importante a nivel evolutivo, contribuyendo al fenómeno de especiación y diferenciación poblacional (Nguyen *et al.*2008; Völker *et al.* 2010).

1.8.1. Métodos de detección de CNV

Existen diversas técnicas para la identificación de CNVs a escala genómica. Entre ellas, cabe destacar la estrategia basada en el empleo de *comparative genomic hybridization arrays (aCGH*). Dicha técnica se basa en la hibridación competitiva de un genoma de referencia y otro genoma problema (el que se pretende caracterizar). Los genomas de referencia y problema son marcados con distintos fluoróforos e hibridados en un *array* o chip que contiene millares de oligonucleótidos que representan distintos segmentos del genoma. La ratio entre las intensidades de fluorescencia correspondientes a los genomas de referencia y problema reflejan cambios en el número de copias. En humano, Conrad *et al.* (2010) emplearon una plataforma aCGH con 42 millones de sondas (la separación media entre sondas era de 56 pb) y detectaron 8599 CNV con una resolución muy elevada (Conrad *et al.* 2010). En las especies domésticas, la técnica aCGH se ha aplicado con éxito en la construcción de mapas de CNVs (Tabla 1.7).

Otra aproximación consiste en detectar CNV mediante el genotipado de la población bajo estudio con un chip que permita el análisis simultáneo de millares de SNP. En este caso, las variaciones en el número de copias se detectan como alteraciones en la intensidad de la señal detectada (aumenta en el caso de una duplicación, disminuye en el caso de una deleción). Este tipo de tecnología ha sido aplicada en la especie porcina (Ramayo-Caldas *et al.* 2010) y en la especie bovina (Bae *et al.* 2010).

También se ha empleado las técnicas de secuenciación masiva (*next generation sequencing*) para caracterizar CNV (CNV-seq). En este caso, los CNV se detectan al comparar la distancia observada entre *mapped read pairs* con la distancia media inferida a partir del genoma de referencia. Otra posibilidad consiste en asumir que el número de secuencias correspondiente a una determinada región es proporcional al número de copias de la misma (Figura 1.8) p.e. en el caso de un homocigoto para una deleción no detectaríamos ninguna copia. Recientemente, se ha analizado mediante la metodología CNV-seq el genoma de seis poblaciones bovinas, detectando 1265 CNV que ocupaban un total de 55.6 Mb (Bickhart *et al.* 2012)

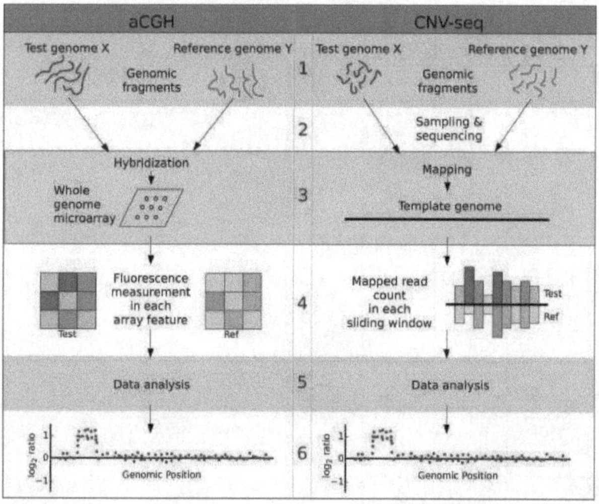

Figura 1.8. Comparación de los métodos aCGH y CNV-seq para la detección de CNV.

Tabla 1.7. Detección de regiones genómicas que contienen CNV (CNVR) en distintas especies domésticas. Tomado de Clop *et al.* (2012).

Especie	Nº muestras	Nº CNVR	Tamaño medio CNVR (kb)	Rango de tamaño (kb)	Método de detección	Referencia
Vacuno	556	42	960,6	22,9 – 11.050	BovineSNP50 BeadChip	Matukumalli *et al.* (2009)
	265	368	171,5	50 - 200	BovineSNP50 BeadChip	Bae *et al.* (2010)
	20	304	72,3	1,7 – 2.000	Bovine 2.1 M aCGH arrays	Fadista *et al.* (2010)
	90	177	159	18 – 1.260	Bovine 385k aCGH arrays	Liu *et al.* (2010)
	539	682	204,9	32,5 – 5.569	BovineSNP50 BeadChip	Hou *et al.* (2011)
Ovino	11	135	77,6	24,6 - 505	Bovine 385k aCGH arrays	Fontanesi *et al.* (2011)
Caprino	10	127	90,3	24,6 -1.070	Bovine 385k aCGH arrays	Fontanesi *et al.* (2010)
Porcino	12	37	9,32	1,7 – 61,9	Porcine 385k aCGH arrays	Fadista *et al.* (2008)
	55	49	754,6	44,7 – 10.700	Porcine SNP60 Beadchip	Ramayo-Caldas *et al.* (2010)

1.8.2. Caracterización de CNVR en distintas especies domésticas

En la especie bovina se ha realizado diversos estudios encaminados a caracterizar la variación estructural propia de esta especie (Bae *et al.* 2010, Fadista *et al.* 2010, Liu *et al.* 2010, Hou *et al.* 2011, Bickhart *et al.* 2012). Hou *et al.* (2011) analizaron 539 vacas (pertenecientes a 21 razas) detectando un total de 682 CNVRs que cubrían aproximadamente 139,9 Mb (aproximadamente 4,60% del genoma bovino). También se observó que las regiones pericentroméricas y subteloméricas contenían una mayor cantidad de CNV, especialmente en los cromosomas 1 y 6 (Hou *et al.* 2011). Otros estudios indican que alrededor del 50% de CNVRs en el ganado bovino podrían ser compartidos por diferentes individuos y razas La existencia de diferencias significativas entre razas en cuanto a las frecuencias de CNVR, sugiere que esta fuente de variabilidad posiblemente haya contribuido de forma importante al proceso de diferenciación racial (Matukumalli *et al.* 2009; Liu *et al.* 2010; Seroussi *et al.* 2010; Hou *et al.* 2011). En ovino y caprino, se han detectado, mediante el empleo de plataformas aCGH bovinas, 186 y 161 CNV, respectivamente (Fontanesi *et al.* 2010; 2011b). Sin embargo, esta aproximación interespecífica no resulta idónea ya que la existencia de cambios nucleotídicos bovino *vs* ovino o bovino *vs* caprino puede disminuir de forma muy significativa la eficiencia de la hibridación (Clop *et al* 2012).

En el cerdo, Fadista *et al.* (2008) realizaron la primera caracterización de CNV mediante una plataforma aCGH con 384.979 sondas de oligonucleótidos para los cromosomas 4, 7, 14 y 17. En este estudio se identificó un total de 37 CNVs con un rango de tamaños de 1,74 Kb a 61,92 Kb y un tamaño medio de 9,32 Kb. Mediante una plataforma de genotipado *Porcine SNP60 BeadChip,* Ramayo-Caldas y colaboradores (2010) identificaron 49 CNVR en 55 cerdos Landrace x Ibérico (Figura 1.9). Dichos CNV estaban localizados en 13 de los 18 cromosomas autosómicos, con tamaños que iban desde 44,7 Kb a 10.700 Kb (tamaño medio: 754,6 Kb). En otro trabajo realizado por Silió y colaboradores (2010), se identificó 49 CNVR en 84 cerdos Ibéricos de la línea Torbiscal. El tamaño mínimo de los CNVR fue de 55.6 Kb y el máximo de 1149 Kb. En los cromosomas 3 y 9 no se detectó ningún CNV, mientras que los cromosomas 11 y 13 fueron los que presentaron un mayor número de CNV.

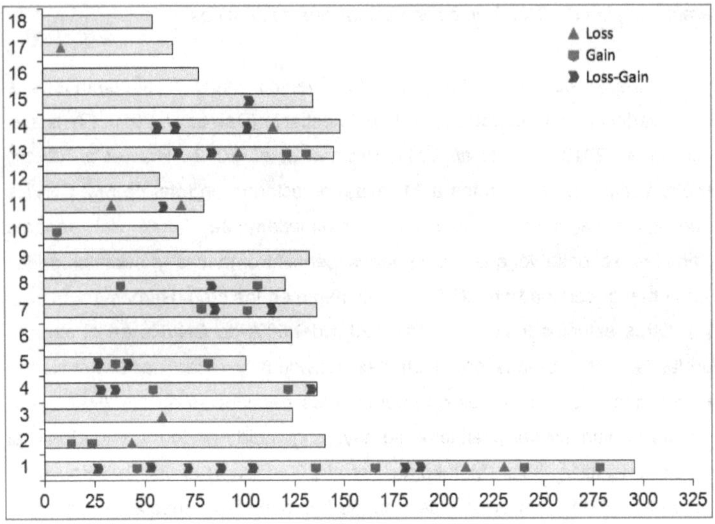

Figura 1.9. Representación gráfica de los 49 CNVRs detectados en el trabajo de Ramayo-Caldas *et al.* 2010

1.8.3. Efectos de los CNV a nivel fenotípico

Las variaciones en el número de copias pueden alterar la función génica de diversas formas. Por ejemplo la expresión de un gen puede cambiar debido a la pérdida o ganancia de elementos reguladores o al aumento/disminución de copias del mismo (Feuk *et al.* 2006). Asimismo, puede alterarse la estructura del tránscrito (pérdida de uno o más exones, duplicación exónica, fusión de genes adyacentes etc.). En especies domésticas, hay varios ejemplos que ilustran las consecuencias fenotípicas que puede tener este tipo de polimorfismo (Tabla 1.8). El color del pelaje en caballos, cerdos y ovejas está determinado en cierta medida por CNV que afectan diversos loci implicados en la pigmentación. En la Tabla 1.8 puede comprobarse que una duplicación de 4.6 Kb en el intrón 6 del gen *STX17* equino está asociada a una capa gris y a una mayor susceptibilidad a sufrir melanomas (Rosengren- Pielberg *et al.* 2008). En cerdos, el color blanco ha sido asociado a un aumento en el número de copias del gen *KIT* (Giuffra *et al.* 2002b; 1999), el cual tiene un papel fundamental en la proliferación, supervivencia y migración de los melanocitos (Wehrle- Haller, 2003). En el caso del ovino, la mutación causal que explica el color blanco consiste en una duplicación de 190 Kb que abarca el gen *ASIP*, el cual codifica una proteína que, uniéndose al receptor de la melanocortina 1, estimula la síntesis de feomelanina. Estas reordenaciones cromosómicas son relativamente recientes (posteriores a la domesticación) debido a que a menudo segregan en razas específicas y no están presentes en el genoma de sus ancestros (jabalí, muflón etc.).

El estudio de CNV en los animales domésticos se encuentra todavía en una fase muy inicial, aunque en los cuatro últimos años se ha avanzado de forma muy considerable (Clop *et al.* 2012). La mayoría de asociaciones entre CNV *vs* fenotipo establecidas hasta la fecha en especies domésticas están relacionadas con caracteres mendelianos (Clop *et al.* 2012). Un próximo objetivo consistirá en buscar asociaciones entre CNV y caracteres complejos, como el crecimiento, el engrasamiento, la producción de leche, la prolificidad y la susceptibilidad a enfermedades infecciosas. Igualmente, la búsqueda de asociaciones entre CNV y *expression QTL* debería abrir nuevas vías para el esclarecimiento de cómo los CNV pueden influir en la expresión génica (Clop *et al.* 2012). Este conocimiento no sólo sería muy relevante desde el punto de vista biológico, sino que también cabe esperar que tenga importantes aplicaciones prácticas en la producción animal y la genética clínica (Clop *et al.* 2012).

Tabla 1.8. Tabla representativa de CNV con efectos sobre la variación fenotípica de diversas especies domésticas de interés ganadero. Basado en Clop *et al.* 2012.

Especie	**Fenotipo**	**Tipo de mutación**
Vaca	Displasia anhidrótica ectodermal	Deleción del exón 3 del gen *EDA*.
	Displasia tubular renal	Deleción de 37 kb (exones 1-4) o 56 kb (exones 1-4 y 21 pb de exón 5) en el gen *CLDN36*.
	Osteopetrosis	Deleción de 2.8 kb en el gen *SCL4A2* (pérdida del exón 2).
	Aborto y parálisis al nacimiento	Deleción de 110 kb que implica la pérdida de los exones 3 y 4 del gen *MIMT1*.
Oveja	Color blanco	Una duplicación de 190 kb incluyendo el gen *ASIP*.
Cerdo	Color blanco	Duplicación de un fragmento de 450 kb que incluye al gen *KIT*.
Caballo	Color blanco y susceptibilidad a melanoma	Duplicación de 4.6 kb en el intrón 6 del gen *STX17*.
Pollo	Crecimiento de las plumas	Duplicación de 176 kb conteniendo los genes *PRLR* y *SPEF2*.
	Cresta en forma de guisante	Duplicación que altera la expresión del gen *SOX5*.

2. OBJETIVOS

El presente trabajo forma parte de los proyectos *Mapeo e identificación de genes implicados en el metabolismo lipídico en porcino, la calidad de carne y la calidad de jamón curado* (AGL2007-66707-C02-02) y *Estudio de caracteres relacionados con el metabolismo lipídico y la calidad en porcino mediante el análisis integral de datos masivos de genotipos y expresión génica* (AGL2010-22208-C02-02), cuya finalidad general consiste en analizar la arquitectura genética de diversos caracteres de interés productivo en una población comercial Duroc. Así, los objetivos específicos de la presente tesis son los siguientes:

1. Caracterizar la secuencia y la variabilidad genética de los genes *low-density lipoprotein receptor-related 12 protein* (*LRP12*) y *Tribbles 1* (*TRIB1*), cuya posición coincide con una región del cromosoma 4 porcino que contiene un QTL para la concentración de triglicéridos a la edad de 190 días. En caso de hallar variantes genéticas, se realizarán estudios de asociación con diversos caracteres lipídicos en la población Duroc objeto de estudio

2. Caracterizar la secuencia y variabilidad genética del gen que codifica la adipoquina (*ADIPOQ*), situado en una región del cromosoma 13 que contiene QTL para las concentraciones de LDL a 190 días y HDL a 45 días. Realización de estudios de asociación en la población Duroc, si procede.

3. Construcción de un mapa de *copy number variation* a partir de la información obtenida mediante el genotipado de la población Duroc con el Porcine SNP60 Beadchip de Illumina.

En el marco de un trabajo de colaboración (no adscrito a los dos proyectos mencionados anteriormente) con investigadores del Área de Genètica i Millora del IRTA, se ha planteado un cuarto objetivo adicional.

4. Caracterizar la secuencia y variabilidad genética de tres genes candidatos de la familia *solute carrier family 27A* (SLC27A1, SLC27A2 y SLC27A4), cuya función está relacionada con la absorción de ácidos grasos de cadena larga.

3. MATERIALES Y MÉTODOS

3.1. Material animal y caracteres fenotípicos

El material animal empleado en el presente experimento ha sido proporcionado por la empresa Selección Batallé S.A., y consiste en una población comercial de cerdos de la raza Duroc (Gallardo, *et al.* 2008). La generación parental G_0 está constituida por 5 machos y aproximadamente 400 hembras, mientras que la generación G_1 incluye 350 machos castrados (Figura 3.1). La raza Duroc tiene su origen en el este de Estados Unidos, desde donde se ha expandido a lo largo del mundo. Una característica de dicha raza es que existe una considerable variedad de capas, pudiendo ir desde un tono oro, casi amarillo muy ligero, a un rojo muy oscuro que se acerca a la caoba (http://www.ansi.okstate.edu/ breeds/swine/). Esta raza se utiliza como base para actuar como macho finalizador en los programas de hibridación de razas precoces e ibérica (http://www.anps.es/ duroc.php). Destaca por la buena calidad de su carne, debido a la elevada infiltración grasa de la misma, conservando unos ajustados índices de conversión. Es una raza con una perfecta adaptación a todos los medios, alta prolificidad, buena producción cárnica, y excelente respuesta a las exigencias de la producción intensiva. (http://www.anps.es/duroc.php). El núcleo genético Duroc de la empresa Batallé está seleccionado fundamentalmente para la ganancia media diaria (peso relativo: 5%), el espesor del tocino dorsal (15%), el porcentaje de grasa intramuscular (20%), nacidos vivos (45%) y número de tetinas (15%). Hembras Duroc se cruzan con machos Landrace obteniendo individuos híbridos que son cruzados de nuevo para obtener el producto final destinado a matadero (http://www.batalle.com/html/1a1.htm).

El diseño experimental empleado en la presente tesis, que involucra el análisis de 5 familias de medios hermanos paternos y que, a su vez, son descendientes de un número muy elevado de hembras se asemeja mucho al que tradicionalmente se lleva a cabo en los experimentos de detección de QTL en bovino lechero (Georges *et al.* 1995). Los machos heterocigotos para un QTL dan lugar a una descendencia con medias fenotípicas diferentes dependiendo del alelo paterno (Q o q) que hayan recibido, y la comparación de los haplotipos de los mismos para los marcadores asociados al carácter estudiado permite realizar un cartografiado preciso del QTL.

Figura 3.1. Representación esquemática de la generación del material animal. La generación G_1 incluye 350 machos castrados controlados en CCP-IRTA. Dichos individuos se distribuyen en 5 familias de medios hermanos a excepción de 45 cerdos que son hermanos completos.

El manejo de la población comercial Duroc empleada en el presente trabajo fue el siguiente: después del destete (3 a 4 semanas de edad) los cerdos fueron transferidos a la estación experimental IRTA-CCP y mantenidos en condiciones estándar. Durante la primera etapa de cebo (90 kg de peso vivo, 150 días de edad) los cerdos fueron alimentados *ad libitum* con una dieta estándar con la siguiente composición: 18% proteína, 3.8% fibra, 7.0% grasa, 1.0% lisina y 0.3% metionina. Durante los 30-40 días previos al sacrificio, los cerdos fueron alimentados *ad libitum* con una dieta ligeramente distinta: 15.9% proteína, 4.5% fibra, 5.2% grasa, 0.7% lisina y 0.2% metionina. El aporte energético de dichas dietas fue de 2.450 y 2.375 kcal/kg, respectivamente.

Se obtuvo muestras de sangre de los cerdos Duroc a las edades de 45 y 190 días, aproximadamente. Se midieron las concentraciones séricas de colesterol, LDL,

HDL y triglicéridos. La metodología empleada está ampliamente descrita en Gallardo *et al.* (2008). Con posterioridad al sacrificio, se procedió a medir las siguientes variables: peso de la canal, porcentaje de magro (medido con un equipo de ultrasonidos AutoFOM), espesor del tocino dorsal entre las costillas 3ª y 4ª, peso del jamón, y espesor de la grasa del jamón. Se tomaron muestras de 200 g de los músculos *longissimus dorsi* y *gluteus medius* para determinar distintas variables relacionadas con la calidad de la carne y el porcentaje y la composición de los lípidos musculares. La metodología empleada está descrita en Gallardo *et al.* (2009). En las Tablas 3.1 y 3.2 se describen diversos registros fenotípicos obtenidos para un conjunto de caracteres relacionados con el metabolismo lipídico en la población experimental Duroc.

Tabla 3.1. Registros fenotípicos relacionados con el porcentaje y la composición de los lípidos musculares en la población comercial Duroc objeto de estudio.

Carácter	**Acrónimo**	***Longissimus dorsi***		***Gluteus Medius***	
		Media	**SD**	**Media**	**SD**
(%) Grasa intramuscular	IMF	3.91	1.53	5.21	2.05
(%) Mirístico	C14:0	1.37	0.28	1.39	0.23
(%) Palmítico	C16:0	23.47	1.63	23.22	1.42
(%) Palmitoleico	C16:1	2.98	0.59	2.82	0.49
(%) Esteárico	C18:0	11.71	1.21	11.21	1.12
(%) Oleico	C18:1(n-9)	34.92	5.18	35.10	4.48
(%)Vaccénico	C18:1(n-7)	4.28	0.34	4.06	0.31
(%) Linoleico	C18:2	14.16	5.11	14.95	4.10
(%) Araquidónico	C20:4	3.53	1.81	3.20	1.55

Tabla 3.2. Concentraciones de lípidos séricos en la población experimental Duroc a las edades de 45 y 190 días.

Carácter	**Media ± SD (en mg/dL)**	
	45 días	**190 días**
Colesterol	77.46±13.27	125.81±26.77
HDL	30.60±6.73	51.95±10.34
LDL	38.19±8.99	63.42±20.70
Triglicéridos	43.25±16.43	50.04±20.21

3.2. Caracterización molecular de genes candidatos

3.2.1 Extracción de RNA a partir de tejido muscular

Las extracciones de RNA se realizaron a partir de muestras de músculo estriado esquelético. Las muestras, mantenidas a –80 °C, se congelaron en nitrógeno líquido y se pulverizaron en un mortero. A continuación se añadió el reactivo Trizol Reagent (Gibco BRL, Life Technologies) y se homogenizaron las muestras con un politrón. Posteriormente, se añadió cloroformo en una proporción de 200 µl por ml de reactivo Trizol, se mezclaron ambos componentes con un vórtex y se mantuvo la extracción durante 10 minutos a temperatura ambiente. A continuación la mezcla se sometió a centrifugación a 4 °C y 12.000 r.p.m. durante 15 minutos para conseguir la separación de las tres fases: fase orgánica que contiene las proteínas, interfase donde está contenido el ADN y la fase acuosa donde permanece el ARN. La fase acuosa se transfirió a un nuevo tubo de 2 ml donde se añadió isopropanol, para la precipitación del ARN, en la proporción de 500 µl por ml de reactivo. La reacción de precipitación se mantuvo toda la noche a –20 °C. Transcurrido ese periodo de tiempo, la mezcla se centrifugó a 4 °C y 12.000 r.p.m. durante 10 minutos, formándose un precipitado blanco de ARN en el fondo del tubo. Se eliminó el sobrenadante y el ARN se lavó con etanol frío al 75%, en la proporción de 1 ml por ml de reactivo utilizado. Se incubó dicha mezcla durante 4 horas a –20 °C. A continuación se sometió a una centrifugación a 4 °C y 12000 r.p.m durante 5 minutos, se eliminó el etanol y se dejó secar el precipitado de RNA durante 5 minutos. Dicho precipitado se rehidrató con 50 µl de agua tratada con dietilpirocarbonato (DEPC).

Para medir la concentración y pureza del RNA se empleó un espectrofotómetro NANODROP ND-1000 (NanoDrop), tomando medidas de absorbancia a longitudes de onda de 260 y 280 nm. La relación de las medidas de A260/A280, indica la pureza de los ácidos nucleicos extraídos, considerándose que un cociente que oscila entre 1,8 y 2,0 denota un alto grado de pureza.

3.2.2. Síntesis de DNA complementario

La síntesis de DNA complementario (cDNA) se llevó a cabo mediante transcripción reversa (RT) con el kit ThermoScript RT-PCR System (Invitrogen). Como molde se empleó 1-2 µg de RNA, combinándose con 1 µl oligo dT a 50 µM y 2 µl de una mezca de nucleótidos (dNTP mix) a 10 mM, ajustando el volumen final a 12 µl con agua tratada con DEPC. Se realizó una incubación de dicha mezcla a 65 °C durante

15 minutos. Posteriormente se añadió: 4 µl de 5 X cDNA Synthesis Buffer, 1 µl de ditiotreitol 0.1 M, 1 µl de Rnasa outµ a 40 U/µl, 1 µl de agua tratada con DEPC y 1 µl de transcriptasa reversa ThermoScript µRT a 15 unidades /µl. La síntesis de cDNA se llevó a cabo en un termociclador a 50 °C durante 60 minutos. Finalmente, la reacción RT se incubó a 85 °C durante 5 minutos. Se añadió 1 □l de RNAsa H y se incubó a 37 °C durante 20 minutos. La reacción de síntesis se almacenó a –20 °C.

3.2.3. Optimización de las reacciones de amplificación

El diseño de los cebadores se llevó a cabo mediante el programa *Primer Express 2.0* (Applied Biosystem) empleando, en los casos en que no existiera una secuencia porcina, alineamientos de secuencias de distintos mamíferos para identificar regiones altamente conservadas. Las reacciones de PCR se pusieron a punto en un aparato de gradiente PTC-200 (MJ Research). Las PCR contenían 1.5 mM de $MgCl_2$, 0.1 mM de cada nucleótido (dNTP), 0.5 µM de cada cebador, 0.25 U de Taq DNA polimerasa (Ecogen) y 2 µl de cDNA, en un volumen final de 25 µl. El perfil térmico fue de 94 ºC durante 5 minutos, para la desnaturalización del cDNA molde, y 35 ciclos de 94 ºC durante 1 minuto, temperatura de hibridación durante otro minuto y, finalmente, una etapa de extensión de 72 ºC durante 2 minutos. Finalmente se llevó a cabo una reacción de extensión final a 72 ºC durante 10 minutos,

Todas las reacciones de amplificación se verificaron mediante electroforesis en geles de agarosa a distintas concentraciones (1.5-2.5%) en tampón TAE (*TRIS* 40 mM, *EDTA* 1 mM, pH7.7 y acetato), con voltajes de 100 a 120 voltios. La tinción de ácidos nucleicos se hizo con el colorante *SYBR Safe*, empleándose un transiluminador para la visualización de los mismos.

Tras la amplificación de las bandas esperadas se realizó la purificación de las mismas con el preparado comercial QIAquick PCR Purification kit (QIAGEN). En el caso de la amplificación de más de una banda, se utilizó el kit QIAquick Gel Extraction Kit (QIAGEN), aislando y recortando la banda esperada del gel de agarosa.

3.2.4. Protocolo de amplificación del gen Tribbles 1 (TRIB1) porcino

Los cebadores utilizados para la amplificación de la región codificante del gen *TRIB1* se presentan en la Tabla 3.3. Dichos cebadores fueron diseñados a partir de regiones conservadas de los genes ortólogos de humano (Ensembl; ENST00000311922), bovino (GenBank: BC147945) y macaco (Ensembl; ENSMMUT00000030618). Las condiciones de amplificación fueron de 1.5 mM $MgCl_2$,

200 μM dNTPs, 0.5 μM de cada cebador, 1.25 U de Taq DNA polimerasa (Ecogen) y 2 μl de reacción RT en un volumen final de 25 μl. El perfil térmico fue distinto para cada uno de los fragmentos analizados:

- Fragmento 1: 94 °C-1 minuto, 60 °C-1 minuto, 72 °C-2 minutos.
- Fragmentos 2A, 2B y 5: 94 °C-1 minuto, 64 °C-1 minuto, 72 °C-2 minutos.
- Fragmento 3: 94 °C-1 minuto, 61 °C-1 minuto, 72 °C-2 minutos.

Tabla 3.3. Cebadores utilizados en la caracterización del gen *TRIB1* porcino

Nombre	Secuencia *cebador*
TRIB1_Fw1	5'- AACAATAGCGGCGGCTGC-3'
TRIB1_Rv1	5'- ATTTTGTCCTGGTAGTGTTTAATGGG-3'
TRIB1_Fw2A	5'- ATCGCCGACTACCTGCTG-3'
TRIB1_Rv2A	5'- TGGGGTCTGAGTCATGGAA-3'
TRIB1_Fw2B	5'- CTCGGGGTGATGCTCTACA-3'
TRIB1_Rv2B	5'- AAGGGCCTGTCCATCTTTAG-3'
TRIB1_Fw3	5'- AGAGTACCAGGAGGACAGTGACATTA-3'
TRIB1_Rv3	5'- ACGTTCGGCTGGTAAGTG-3'
TRIB1_Fw4	5'- GGGCCAATAAACCTGCCATCTT-3'
TRIB1_Rv4	5'- GGGGCTTGCTATTTCACTCCAGA-3'
TRIB1_Fw5	5'- CAAGACCATCTCAGGGTGGA-3'
TRIB1_Rv5	5'- GCCTGTTTTTGTGCCATTTCT-3'

3.2.5. Protocolo de amplificación del gen low density lipoprotein receptor-related protein 12 (LRP12) porcino

Los cebadores usados en la amplificación y secuenciación del gen *LRP12* porcino se presentan en la Tabla 3.4. Para la reacción de amplificación se diseñaron los cebadores a partir de las regiones conservadas de los genes ortólogos de bovino (ENSBTAT00000015304), humano (ENST00000276654) y perro (ENSCAFT00-000001048), descritos en Ensembl: http://www.ensembl.org/index.html.

Tabla 3.4. Cebadores utilizados en la caracterización del gen *LRP12* porcino

Nombre	Secuencia *Cebador*
LRP12_Fw1	5'- CTC CTC CTC TCT CCC TCC ATC-3'
LRP12_Rv1	5'- ACA TAA TCA CCA TAA CCA GTA CCA TC-3'
LRP12_Fw2	5'- TTC TCC CAA TTA TCC AGA CTT TTA T-3'
LRP12_Rv2	5'- GGT GGA ATT AAA CCC TGA GC-3'
LRP12_Fw3	5'- GCT TTA TTC TCT GAG AAT GTT TGA A-3'
LRP12_Rv3	5'- GGT CTG GAG CAG TCA TTC AC-3'
LRP12_Fw4	5'- TGG GTA CGT TTT ACA TTA GGG C-3'
LRP12_Rv4	5'- GTT ACA AGA TGT ACT GGC AAA AGC-3'

Las condiciones de amplificación fueron 1.5 mM $MgCl_2$, 200 µM dNTPs, 0.5 µM de cada cebador, 0.625 U de DNA polimerasa Taq Gold (Applied Biosystems) y 2 µl de reacción RT en un volumen final de 25 µl. La región amplificada del gen *LRP12* abarcó desde los exones 1 al 7.

El perfil térmico varió dependiendo de la región amplificada:

- Fragmento 1: 94 °C-30 segundos, 64°C-1 minuto, 72 °C-1.5 minutos.
- Fragmento 2: 94 °C-30 segundos, 59 °C-1 minuto, 72 °C-1.5 minutos.
- Fragmentos 3 y 4: 94 °C-30 segundos, 61 °C-1 minuto, 72 °C-1.5 minutos.

3.2.6. Protocolo de amplificación del gen de la Adiponectina (ADIPOQ) porcina

Los cebadores utilizados para la amplificación de la región codificante del gen *ADIPOQ* se presentan en la Tabla 3.5. Dichos cebadores fueron diseñados a partir de la secuencia publicada en NCBI (Genbank: EF601160)

Las condiciones de amplificación fueron de 2 mM $MgCl_2$, 200 µM dNTPs, 0.5 µM de cada cebador, 1.25 U de Taq DNA polimerasa (Ecogen) y 2 µl de reacción RT en un volumen final de 25 µl. El perfil térmico fue distinto para cada uno de los fragmentos analizados:

- Fragmento 1: 94 °C-1 minuto, 64 °C-1 minuto, 72 °C-2 minutos.
- Fragmento 2: 94°C-1 minuto, 61°C-1 minuto, 72 °C-2 minutos.
- Fragmentos 3 y 4: 94 °C-1 minuto, 66 °C-1 minuto, 72 °C-2 minutos.

Tabla 3.5. Cebadores utilizados en la caracterización del gen *ADIPOQ* porcino

Nombre	Secuencia cebador
ADIPOQ_Fw1	5'- CTGTTGTTGGGAGCTGTTCT-3'
ADIPOQ_Rv1	5'- TTGTCAGCATAGACCCCATT-3'
ADIPOQ_Rvint1	5'-ATGCCCTGGGATACCCGC-3'
ADIPOQ_Fw2	5'- AATGGGGTCTATGCTGACAA-3'
ADIPOQ_Rv2	5'- TGGGCGTTCACTTAAGTCTC-3'
ADIPOQ_Rvint2	5'-GAAGACCTCAGCCTGGTGG-3'
ADIPOQ_Fw3	5'- CAGTCCTGAAGAAGGCACAT-3'
ADIPOQ_Rv3	5'- TTCTCGGTCATCACAAGGTT-3'
ADIPOQ_Fw4	5'- GCAAGCTTTCCTCACACACT-3'
ADIPOQ_Rv4	5'- TCACTCAAGCTGTTGTCTCCT-3'

3.2.7. Protocolo de amplificación de diversos genes de la familia Solute carrier *family 27A porcina*

Los cebadores utilizados para la amplificación de la región codificante del gen *SLC27A1* se presentan en la Tabla 3.6. Los cebadores fueron diseñados a partir de la secuencia publicada de la especie porcina en Ensembl (Ensembl; ENSSSCG00000013879).

Las condiciones de amplificación fueron de 1 mM $MgCl_2$ (fragmentos 1 y 3) y 2mM (fragmento 2), 200 µM dNTPs, 0.5 µM (fragmentos 1 y 3) y 0.3 µM (fragmento 2) de cada cebador, 1.25 U de Taq DNA polimerasa (Ecogen) y 2 µl de reacción RT en un volumen final de 25 µl. El perfil térmico fue distinto para cada uno de los fragmentos analizados:

- Fragmento 1: 94 °C-1 minuto, 59°C-1 minuto, 72 °C-2 minutos.
- Fragmento 2: 95 °C-20 segundos, 61 °C-20 segundos, 72 °C-40 segundos.
- Fragmento 3: 94 °C-1 minuto, 66 °C-1 minuto, 72 °C-2 minutos.

Tabla 3.6. Cebadores utilizados en la caracterización del gen *SLC27A1* porcino

Nombre	Secuencia cebador
S1_Fg1_F	5'- CCAGTCTGCACAAACAGAAG -3'
S1_Fg1_R	5'- TGTTCCCTGCCGAGTGATA -3'
S1_Fg2_F	5'- CCACTCCTACCGCATGCA -3'
S1_Fg2_R	5'- TTCTGCAGCTCCTGGTACAG -3'
S1_Fg3_F	5'- CATGGCAGCCATCGCAGA -3'
S1_Fg3_R	5'- CCAGCCAGCACCATCTTCA -3'

En cuanto al gen SLC27A2, los cebadores utilizados se presentan en la Tabla 3.7. Los cebadores fueron diseñados a partir de la secuencia publicada de la especie porcina en Ensembl (Ensembl; ENSSSCG00000004643).

Las condiciones de amplificación fueron de 2.5 mM $MgCl_2$ (fragmento 1) y 2 mM (fragmento 2), 250 µM dNTPs, 0.3 µM (fragmento 1) y 0.2 µM (fragmento 2) de cada cebador, 1.25 U de Taq DNA polimerasa (Ecogen) y 2 µl de reacción RT en un volumen final de 25 µl. El perfil térmico fue distinto para cada uno de los fragmentos analizados:

- Fragmento 1: 95 °C-1 minuto, 60°C-1 minuto, 72 °C-1 minuto.
- Fragmento 2: 95 °C-1 minuto, 60°C-1minuto, 72 °C- 1 minuto.

Tabla 3.7. Cebadores utilizados en la caracterización del gen *SLC27A2* porcino

Nombre	Secuencia cebador
S2_Fg1_F	5'- AGCCAGTAGTCTGCTGTGAGT -3'
S2_Fg1_R	5'- AGTAGCACCACTCACGATACATC -3'
S2_Fg2_F	5'- ATGTATCGTGAGTGGTGCTAC -3'
S2_Fg2_R	5'- TCTCATTTCTTGGTGTTCATC -3'
S2_Fg2_I1_Fw	5'- AAGATGAACCTGTCCGAGATC-3' *
S2_Fg2_I2_Rv	5'- ATCCATTTCCATCTCGGACAG-3' *
S2_Fg2_I3_Fw	5'- CGATTACCTGCCCAATTATG-3' *

* Cebadores empleados para la secuenciación de los amplicones

Finalmente, los cebadores utilizados para la amplificación de la región codificante del gen *SLC27A4* se presentan en la Tabla 3.8. Los cebadores fueron diseñados a partir de la secuencia publicada de la especie porcina en Ensembl (Ensembl; ENSSSCG00000005648).

Las condiciones de amplificación fueron de 1 mM $MgCl_2$ (fragmentos 1 y 2) y 2 mM (fragmento 3), 200 µM dNTPs, 0.5 µM (fragmentos 1 y 2) y 0.3 µM (fragmento 3) de cada cebador, 1.25 U de Taq DNA polimerasa (Ecogen) y 2 µl de reacción RT en un volumen final de 25 µl. El perfil térmico fue distinto para cada uno de los fragmentos analizados:

- Fragmento 1: 94 °C-1 minuto, 66 °C-1 minuto, 72 °C-2 minutos.
- Fragmento 2: 94 °C-1 minuto, 67.7°C-1 minuto, 72 °C-2 minutos.
- Fragmento 3: 95 °C-20 segundos, 64.7 °C-20 segundos, 72 °C-40 segundos.

Tabla 3.8. Cebadores utilizados en la caracterización del gen *SLC27A4* porcino

Nombre	**Secuencia *cebador***
S4_Fg1_F	5'- ACCACAGCAGAGCTGCATCT -3'
Slc27a4_R1	5'- AATACCTGCTGTGCACCA -3'
Slc27a4_F2_nou	5'- TTCTACATCTACACGTCCGGCAC -3'
Slc27a4_R2_nou	5'- GCTTCGACGGCTACCTCAA -3'
Slc27a4_F3	5'- TGGTGGGCACCATCGTCC -3'
Slc27a4_R3_nou	5'- GGACTTGGGGCAAATCACAG -3'

3.2.8. Protocolo de secuenciación del producto amplificado y análisis in silico de secuencias

Las reacciones de secuenciación se realizaron utilizando el preparado comercial *Big Dye Terminator Cycle Sequencing Ready Reaction Kit* (Applied Biosystems), siguiendo las instrucciones del fabricante. La precipitación de las reacciones de secuenciación se hizo mediante una bomba al vacío en placas de Millipore de 96 pocillos (Montage SEQ_{96} Sequencing Reaction Cleanup Kit) para eliminar restos de reactivos. Los productos de amplificación se analizaron en un aparato de electroforesis capilar ABI Prism 3730 (Applied Biosystems).

Una vez obtenidas las secuencias nucleotídicas de los fragmentos analizados, se procedió a la edición de las mismas mediante el programa SeqScape v2.6. Los alineamientos múltiples se llevaron a cabo con el software Multalin (Corpet, 1998). Dicha aproximación permitió identificar posiciones polimórficas. También se realizó la búsqueda de dominios funcionales evaluando las secuencias aminoacídicas mediante el programa ScanProsite (http://www.expasy.ch/tools/scanprosite)

3.2.9. *Genotipado de los genes LRP12 y TRIB1 porcino*

El genotipado de loci *LRP12* y *TRIB1* porcinos se realizó mediante la técnica *de primer-extension analysis.* Esta técnica se basa en el uso de un cebador específico adyacente a la mutación causal. Se realiza una reacción de extensión con 4 dideoxinucleótidos marcados con distintos fluorocromos (Makridakis y Reichardt, 2001). Dependiendo del dideoxinucleótido, incorporado, se observará un pico con una u otra fluorescencia tal como se indica en las Figuras 3.2 y 3.3.

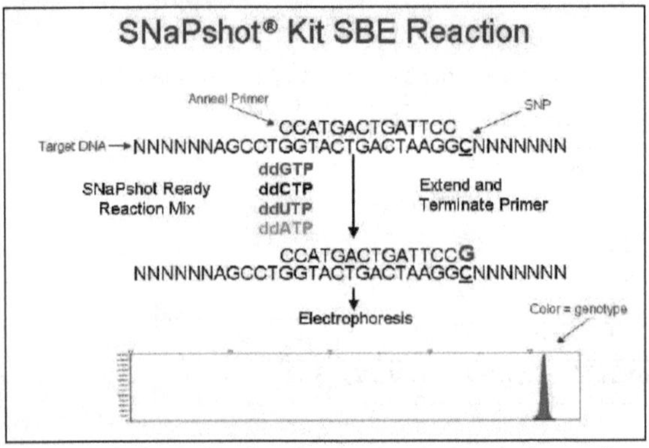

Figura 3.2. Reacción de primer extension analysis: se observa la incorporación de una T, que en el electroferograma se visualizará como un pico de color rojo

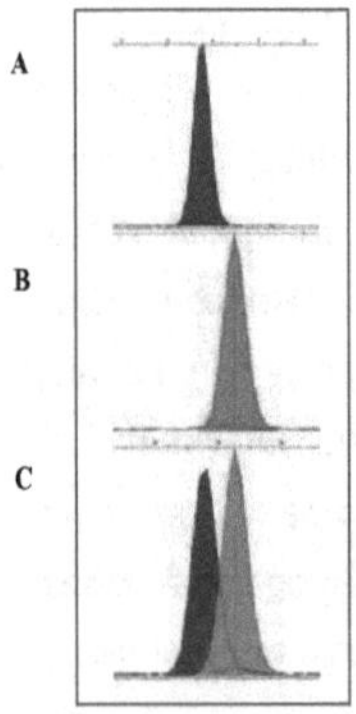

Figura 3.3. Electroferograma correspondiente a una reacción de *primer-extension analysis.* (A) Genotipo GG, (B) Genotipo AA, (C) Genotipo AG.

Los cebadores empleados en la amplificación (Fw: *forward*, RV: *reverse*) y genotipado (INT) de las regiones polimórficas se detallan en la Tabla 3.9.

Tabla 3.9. Cebadores utilizados para el genotipado de los polimorfismos de los genes *LRP12* y *TRIB1*.

Nombre	Secuencia *Cebador*
LRP12_Ex4_Fw1	5'-GTGTCTGTCCCGGTTTACCAA -3'
LRP12_Ex4_RV1	5'- AATACTTTAACCACTGCCCACACG-3'
LRP12_Ex4_INT1	5'- GACTGACTGACTCCACTGCCCACACGT-3'
LRP12_Ex5_Fw1	5'- ATGCTGCCCGGGGATTTAAT-3'
LRP12_Ex5_RV1	5'- CCATTTGGGCAATGCCAATAC-3'
LRP12_Ex5_INT1	5'- GACTGACTGACTCCGGGGATTTAATGC-3'
TRIB1_3UTR_Fw	5'- GACTGACTGACTGACTGGCGTTAGGACCGTTGGACT-3'
TRIB1_3UTR_Rv	5'- GACTGACTGACTGACTCCCCACCCAATCAGACAAAG-3'
TRIB1_3UTR_S1	5'- CCCGATGAGTGACTG-3'

3.2.10. Genotipado del gen ADIPOQ porcino

Para el genotipado del polimorfismo del gen *ADIPOQ* se utilizó la técnica de pirosecuenciación en un equipo PSQ HS 96 system (Qiagen). Esta técnica implica la realización de una reacción de minisecuenciación donde la incorporación de un determinado nucleótido se detecta mediante una reacción luminosa producida por la enzima luciferasa (Ronaghi *et al.* 1998). En la reacción de pirosecuenciación un cebador se une a la cadena de DNA. A continuación, se produce la dispensación de los nucleótidos de forma secuencial. La incorporación de un nucleótido genera la liberación de un grupo pirofosfato (PPi) que es usado por la enzima sulfurilasa para producir una molécula de ATP, el cual a su vez es utilizado por la luciferasa para emitir luz. Los nucleótidos no incorporados son degradados por la enzima apirasa sin generar luz (Figura 3.4). Esta información se envía al ordenador convirtiéndola en pirogramas, siendo la altura del pico proporcional al número de nucleótidos incorporados.

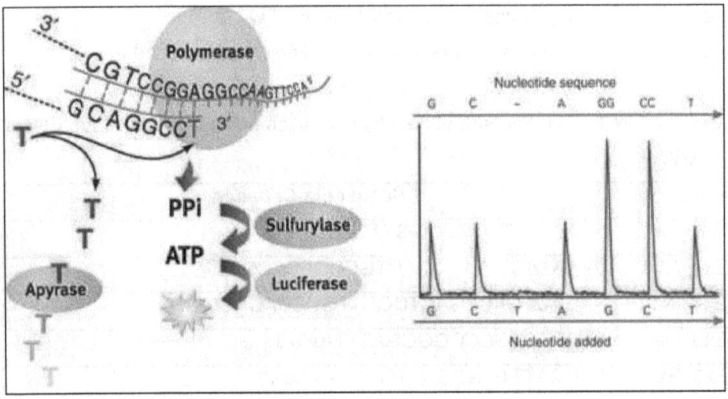

Figura 3.4. Esquema de la reacción de pirosecuenciación.

Para genotipar el gen *ADIPOQ* porcino, se amplificó un fragmento de 177 bp de la región 3'UTR. Las condiciones de amplificación fueron de 2.5 mM $MgCl_2$, 250 µM dNTPs, 300 nM de cada cebador, 1.25 U de Taq DNA polimerasa (*Applied Biosystems*) y 60 ng de DNA genómico en un volumen final de 25 µl. El perfil térmico fue 95 °C por 10 minutos, 40 ciclos de 95 °C - 1 minuto, 62 °C - 1 minuto y 72 °C - 1 minuto y una etapa de extensión final de 7 minutos a 72 °C. La reacción de pirosecuenciación incluyó 20 µl de PCR, el cebador de secuenciación a 300 nM y el reactivo *PyroMark Gold Q96* (Qiagen) siguiendo las instrucciones del fabricante.

Los cebadores empleados en la amplificación (Fw: *forward*, RV: *reverse*) y genotipado (P) de las regiones polimórficas se detallan en la Tabla 3.10).

Tabla 3.10. Cebadores utilizados para el genotipado del polimorfismo del gen *ADIPOQ*.

Nombre	**Secuencia *Cebador***
Fw1	5'- CAA TGC AAA ACC CAT GAA GC -3'
RV1	5'- TCA CCA CAA TCA AGC TAA TTA ACA -3'
P	5'- GAG TAG ATT CAA GAG GCC -3'

3.2.11. Genotipado del gen SLC27A1 porcino

Para el genotipado de la mutación c441 C>T se utilizó la técnica de PCR-RFLP Esta técnica utiliza enzimas de restricción que cortan el ADN en lugares específicos de reconocimiento determinando el patrón de restricción y, generando de esta forma, fragmentos de diferentes tamaños en función del genotipo del individuo. Los RFLP (*Restriccion Fragment Length Polymorphism*) son marcadores bialélicos y codominantes.

En cuanto al genotipado del locus SLC27A1 porcino (polimorfismo c. 441C>T), la reacción de amplificación contenía 1 mM $MgCl_2$, 200 µM dNTPs, 0.2 µM de cada cebador, 50 ng de ADN genómico y 0.3 U de 5'Prime Taq DNA polymerase (*Thermo Fisher Scientific Inc., Madrid, Spain*) en un volumen final de 15 µl. El perfil térmico fue de 95 ºC - 5 minutos, 35 ciclos de 95 ºC - 20 segundos, 64 ºC - 20 segundos y 72 ºC - 40 segundos, con una etapa de extensión final de 72 ºC - 5 minutos. El producto de 389 pb fue digerido con 5 unidades de la enzima de restricción *Xag*I (*Fermentas, St. Leon-Rot, Germany*) durante 4 horas y visualizado en un gel de agarosa al 2 %. La digestión *Xag*I del amplicón *SLC27A1* produjo dos patrones de restricción correspondientes a los alelos T (389 pb) y C (280 pb y 109 pb). Los cebadores usados fueron: SLC27A1_SNP1_FW, 5'-TCT CCG TGT TGA TCC GTG T-3' y SLC27A1_SNP1_RV, 5'-CAC TGC CAG CTC CTC TCC-3'.

3.2.12. Genotipado del gen SLC27A4 porcino

Para genotipar la mutación c. 837 C>T del gen *SLC27A4* porcino se utilizó la técnica de discriminación alélica mediante sondas TaqMan. En esta aproximación, se usan dos sondas alelo-específicas marcadas con fluoróforos distintos (VIC y FAM) y portadoras de una molécula bloqueadora de la fluorescencia (*quencher*). Mientras la molécula bloqueadora y el fluoróforo estén físicamente próximos, no habrá emisión de fluorescencia. Tal como se indica en la Figura 3.5, si un individuo tiene un genotipo CC sólo hibridará, con el producto amplificado, la sonda que sea perfectamente complementaria (es decir, la sonda G marcada con VIC). Una vez hibridada, dicha sonda será degradada por la Taq DNA polimerasa, durante el proceso de amplificación, y las molécula bloqueadora y el fluoróforo se separarán, con lo cual habrá emisión de fluorescencia VIC. Por el mismo principio, si un individuo fuera TT sólo habría emisión de fluorescencia FAM, y si fuera heterocigoto CT se observaría fluorescencia VIC y FAM simultáneamente.

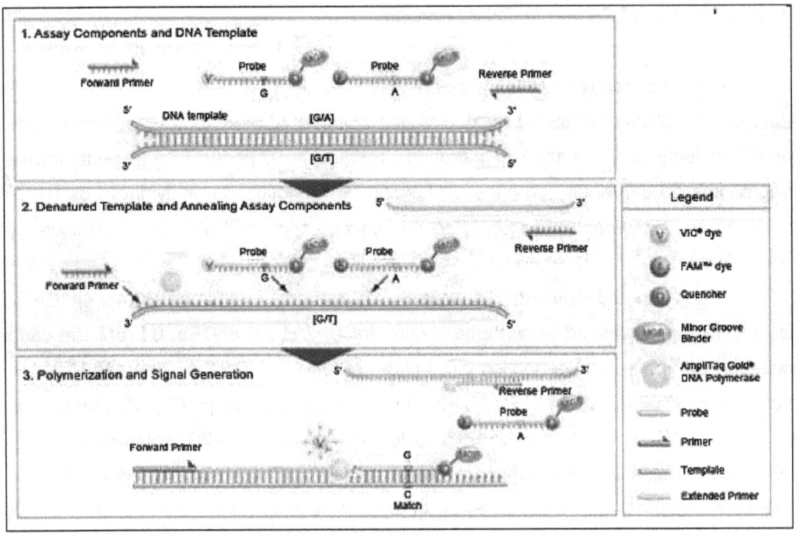

Figura 3.5. Esquema de la técnica de discriminación alélica mediante sondas TaqMan.

Para llevar a cabo el genotipado del locus SLC27A4, se preparó las reacciones de genotipado en un volumen final de 5 µl, el cual contenía 0.9 µM de cada cebador, 0.2 µM de cada sonda, 1x Master Mix TaqMan Universal PCR (Applied Biosystems) y 10 ng de DNA genómico. El perfil térmico fue de 60 ºC - 1 minuto, 40 ciclos de 93 ºC - 5 segundos y 60 ºC - 1 min y una temperatura final de 60ºC - 1 minuto. Los cebadores usados fueron: pigFATP4_F, TGC CCT GGT GTA CTA CGG AT; pigFATP4_R, CCA GGA TAC CTG CCG TGT GGT A; pigFATP4_V, VIC-GCC GGA CGA CGT CC -NFQ; pigFATP4_F, FAM-GCC GGA TGA CGT CC –NFQ.

3.2.13. Análisis de asociación de los fenotipos estudiados.

El análisis de asociación entre los genotipos *LRP12*, *TRIB1*, *ADIPOQ*, *SLC27A1* y *SLC27A4* se llevó a cabo con la opción PROC GLM del paquete estadístico SAS (SAS 9.2, SAS Inst. Inc., Cary, NC). El modelo estadístico incluyó el lote de engorde (4 niveles), el genotipo para cada uno de los polimorfismos y el error residual. Las siguientes covariables fueron incluídas en el modelo:

- Edad del animal (cuando se analizó los lípidos séricos),
- Peso vivo al sacrificio (análisis de contenido de grasa intramuscular)

- Contenido de grasa intramuscular (análisis de la composición de ácidos grasos)

El umbral de significación se determinó mediante el método de Bonferroni, dividiendo α por el producto del número de caracteres independientes multiplicado por el número de SNP analizados para cada gen (p.e. para un gen en el que se analizan 2 SNP *vs* 16 caracteres independientes, el valor de ssignificación sería 0.05 dividido por 32 = 0.001). Se consideró como dependientes los siguientes caracteres: Concentración de colesterol (viene explicado por los niveles de HDL y LDL), contenido de ácidos grasos saturados (en gran medida explicado por los ácidos mirístico, palmítico y esteárico), contenido de ácidos grasos monoinsaturados (idem con el ácido oleico) y contenido de ácidos grasos poliinsaturados (idem con el ácido linoleico).

Para analizar el efecto del genotipo ADIPOQ sobre la concentración de LDL a 190 días, se empleó un análisis más complejo con la finalidad de discriminar entre el efecto del gen ADIPOQ y el efecto del QTL para LDL a 190 días localizado en el cromosoma 13. Los modelos empleados en dicho análisis fueron los siguientes:

$y_{ijkl} = \mu + b_i + d_{j(i)} + ß\, cov_{ijk} + e_{ijkl}$ Modelo 0

$y_{ijkl} = \mu + b_i + d_{j(i)} + ß\, cov_{ijkl} + gen_k + e_{ijkl}$ Modelo G

$y_{ijkl} = \mu + b_i + d_{j(i)} + ß\, cov_{ijkl} + \alpha\, p_{ijkl} + e_{ijkl}$ Modelo Q

$y_{ijkl} = \mu + b_i + d_{j(i)} + ß\, cov_{ijkl} + gen_k + \alpha\, p_{ijkl} + e_{ijkl}$ Modelo GQ

where:

y_{ijk} observaciones fenotípicas (logaritmo de la concentración sérica de LDL a 190 días) del individuo *k* en los niveles i^{th} and j^{th} de los efectos fijos;

b_i es el efecto fijo del lote i^{th} (4 niveles);

$d_{j(i)}$ es el efecto fijo de la fecha de extracción de sangre *j*th, anidado con el lote de engorde i^{th} (2 fechas de extracción a 190 días por lote);

β and cov_{ijk} son el coeficiente de regresión y la covariable (espesor del tocino dorsal);

gen_k es el efecto del genotipo k^{th} para el gen ADIPOQ (tres niveles: AA, AC and CC);

p_{ijkl} es la probabilidad de que el individuo *l* haya heredado cierto alelo vía padre en la posición de máxima significación del QTL (72 cM en SSC13; Gallardo et al. 2008);

α es el coeficiente de regresión del fenotipo sobre la probabilidad de haber heredado un determinado alelo por vía parental, es decir el efecto de sustitución alélica del QTL dentro de padre.

e_{ijkl} es el efecto residual.

3.3. Análisis de Copy Number Variation (CNV)

3.3.1. Genotipado de la población mediante el Porcine SNP60 BeadChip

La totalidad de individuos de la población Duroc (5 machos de la generación parental y 355 machos de la generación G1) fueron genotipados con el *Porcine SNP60 BeadChip* (*Illumina*) utilizando el protocolo *Infinium HD Assay Ultra* (Illumina). Esta técnica permite genotipar simultáneamente miles de SNP mediante una aproximación basada en primer-extension analysis (Figura 3.6). Para el análisis de los datos se usó el programa GenomeStudio (*Illumina*), obteniéndose para todas las muestras un *call rate* superior a 0.99. El *Porcine SNP60 BeadChip* está diseñado para genotipar aproximadamente 62.000 SNPs. Sin embargo, en nuestro estudio se seleccionaron aproximadamente 45.000 SNP que corresponden a cromosomas autosómicos y cuyas posiciones son conocidas.

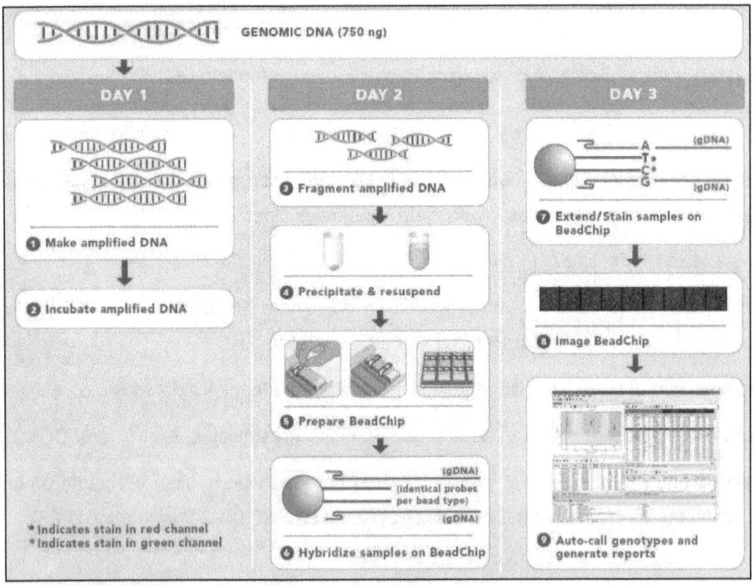

Figura 3.6. Protocolo *Infinium HD Assay.*

3.3.2. Identificación in silico de CNV

Winchester y colaboradores (2009) indican que existe una cierta falta de concordancia de los resultados obtenidos a través de distintos *softwares* de detección de CNV, por lo que recomienda usar al menos dos softwares distintos para obtener resultados fiables. En el presente trabajo se utilizó tres programas distintos para identificar CNV en la población experimental Duroc. En primer lugar se utilizó el software Genome Studio (*Illumina*) para comprobar la calidad de datos y, a continuación, se empleó el módulo Partition V2.4.4 para la detección de CNVs. También se analizó los datos con el software PennCNV, que integra dentro de su algoritmo cadenas ocultas de Markov (hidden Markov chains) considerando, entre otros factores, la intensidad total de la señal, la ratio de la intensidad alélica de cada SNP (logRratio o LRR), la distancia entre SNP vecinos, las frecuencias alélicas de los SNP y la información genealógica (Wang *et al.* 2007). La frecuencia del alelo B (BAF) es una medida normalizada de la relación de intensidad alélica de los dos alelos. La combinación de LRR y BAF pueden usarse para inferir cambios del número de copias en el genoma (Wang *et al.* 2007). En la figura 3.7 se aprecia un ejemplo de un individuo que presenta una deleción y una duplicación en el cromosoma 20. Finalmente, se empleó el software CNstream como tercera fuente de información para detectar CNV. El software CNstream se basa en un algoritmo de detección a nivel de un solo locus robusto, seguido por un algoritmo de detección basado en segmentos, es decir en series de SNP consecutivos, lo cual incrementa la sensibilidad y exactitud de los resultados (Alonso *et al.* 2010).

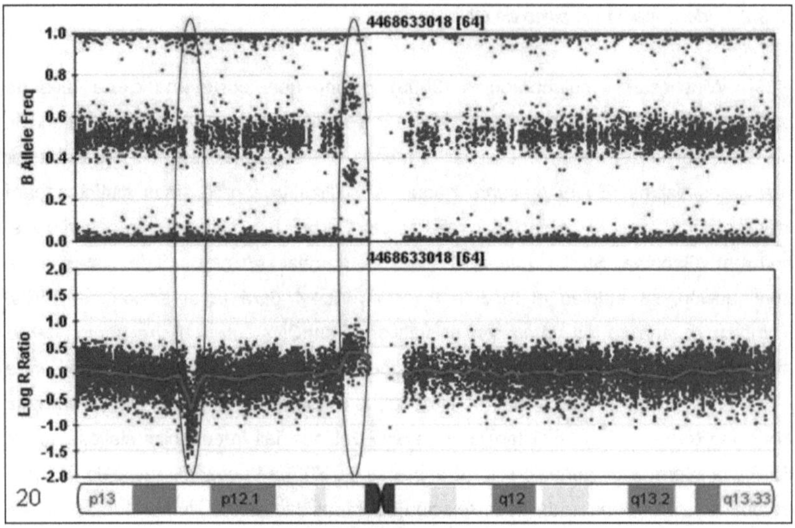

Figura 3.7. Ejemplo de BAF (parte superior de la figura) y LRR (parte inferior de la figura) observándose los valores en el cromosoma 20 de una persona que presenta una deleción y una duplicación (>1Mb).

Ulterior al análisis con estos tres programas, se procedió a anotar únicamente los CNVs detectados al menos por dos programas y como mínimo en tres individuos. Por lo tanto, estas regiones pueden considerarse como regiones con variaciones en el número de copia (CNVRs). Para definir el tamaño de un CNVR se ha utilizado sólo la región identificada por un mínimo de dos programas y en tres animales.

Mediante el programa bioinformático *Biomart* (www.biomart.org) y la base de datos de *Ensembl (Genes 66 Database, Sscrofa10.2 Dataset).* se procedió a anotar los genes ubicados dentro de los CNVRs detectados.

4. RESULTADOS Y DISCUSIÓN

ANÁLISIS DE LOS GENES *LRP12* Y *TRIB1* LOCALIZADOS EN EL INTERVALO DE CONFIANZA DE UN QTL SSC4 PARA LA CONCENTRACIÓN SÉRICA DE TRIGLICÉRIDOS A 190 DÍAS

4.1. Gen low-density lipoprotein receptor-related protein (*LRP12*) porcino

4.1.1. Caracterización molecular del gen LRP12 porcino

Se amplificó un fragmento de 2937 pb correspondiente a la totalidad de la región codificante del gen *LPR12* porcino, utilizando para ello cuatro pares de cebadores (número de acceso a GenBank: JX092265). Este fragmento fue secuenciado en ocho cerdos de la raza Duroc.

El análisis de la secuencia aminoacídica LRP12 porcina mediante el programa Scan Prosite (http://www.expasy.ch/tools/scanprosite) reveló cinco dominios *LDL-receptor class A*, ricos en cisteína y típicos de los receptores de LDL (Figura 4.1).

Los dominios CUB (abreviatura de *complement C1r y C1s, the embrionic sea urchin protein Uegf, Bone morphogenetic protein1*) son motivos estructurales de unos 110 aminoácidos habitualmente presentes en proteínas de membrana o extracelulares (Bork y Beckmann, 1993). Las proteínas con dominios CUB ejercen un amplio rango de funciones: activación del complemento, reparación tisular, angiogénesis, señalización celular, fertilización, homeostasis, inflamación, neurotransmisión, supresión tumoral, etc. (Schultz *et al.* 1998; Finn *et al.* 2010). Con respecto al dominio *LDL-receptor class A*, se caracteriza por poseer 6 residuos de cisteína, los cuales forman puentes disulfuro y, un cluster altamente conservado de aminoácidos con carga negativa; estos residuos, especialmente el cuarto y sexto juegan un papel esencial en la unión a ligandos LDL con carga positiva (Daly *et al.* 1995). Numerosas mutaciones asociadas a hipercolesterolemia en la especie humana residen en los dominios *LDL-receptor class A*, lo cual indica su gran importancia (May *et al.* 2007).

70
MACRWSTKESPRWRSALFLLFLAGVYGNGALAEHSENVHISGVSTACGETPEQIRAPSGIITSPGWPSEY

140
PAKINCSWFIRANPGEIITISFQDFDIQGSRRCNLDWLTIETYKNIESYRACGSTIPPPYISSQDHVWIR

210
FHSDDSISRKGFRLAYFSGKSEEPNCACDQFRCGNGKCVPAAWKCNNMDECGDSSDEEICAKEANPPTSA

280
SFQPCAYNQFQCLSRFTKVYTCLPESLKCDGNIDCLDLGDEIDCDVPTCGQWLKYFYGTFNSPNYPDFYP

350
PGSNCTWLIDTGDHRKVILRFTDFKLDGTGYGDYVKIYDGLEENPHKLLRVLTAFDSHAPLTVVSSSGQI

419
RVHFCADKVNAARGFNATYQVDGFCLPWEIPCGGNWGCYTEQQRCDGYWHCPNGRDEINCT MCQKEEFP

488
CSRNGVCYPRSDRCNYQNHCPNGSDEKNCF FCQPGNFHCKNNRCVFESWVCDSQDDCGDGSDEENCPVI

558
VPTRVITAAVIGSLICGLLLVIALGCTCKLYSLRMFERRSFETQLSRVEAELLRREAPPSYGQLIAQGLI

628
PPVEDFPVCSPNQASVLENLRLAVRSQLGFTSIRLPMAGRSSNIWNRIFNFARSRHSGSLALVSADGDEV

698
VPSQSTSREPERNHTHRSLFSVESDDTDTENERRDSAGASGGVAAPLPQKVPPTTAVEATVGASGSSSAQ

768
STRGGHTDAGRDVTNAEPPSVSPARHQLTSALSRMTQGLRWVRFTLGRSSSVSQNQSPLRQLDNGVSGRE

838
EDDDVEMLIPVSEGASDFDVSDCSRPLLDLASDQGQGFRQPYSATNPGVRPGSRDGPCERCGIVHTAQIP

859
DTCLEATLKNETSDDEALLLC

Figura 4.1. Secuencia aminoacídica del gen *LRP12* porcino, observándose los dos dominios CUB (subrayados) y los cinco dominios *LDL-receptor class A* (recuadros negros). El péptido señal se halla doblemente subrayado.

En la especie humana se han descrito 2 isoformas del gen *LRP12*: Una isoforma "larga" (LRP12-201) y otra "corta" (LRP12-202), que carece de 19 aminoácidos (posiciones de 27 a 45, respecto a la isoforma larga). La secuencia *LRP12* obtenida en el presente trabajo corresponde a la isoforma "larga" del gen *LRP12* humano. La realización de un análisis BlastP permitió identificar la secuencia porcina XP_001927311, la cual poseía una similitud del 99% con la secuencia *LRP12* caracterizada en el presente trabajo. A nivel proteico ambas secuencias diferían en la tercera posición aminoacídica: Arg en el caso de XP_001927311 y Cys en nuestra secuencia. La secuencia LRP12 humana, equina y bovina también presentaron una elevada similitud (98%) respecto a la descrita en el presente trabajo, indicando que se trata de una proteína muy conservada a nivel evolutivo.

4.1.2. Búsqueda de polimorfismos en la región codificante del gen LRP12

Al realizar el alineamiento de las ocho secuencias obtenidas del gen *LRP12* porcino se hallaron cuatro SNP sinónimos: c.507C>T, c.762C>T, c.771A>G y c.1101A>G Todos los SNP encontrados se hallan en el exón 5. Estos niveles de variación son inferiores a los encontrados en la especie humana, probablemente debido a diferencias en el número de individuos secuenciados. Así, en humanos se ha identificado tres mutaciones no sinónimas (D217Y, S694G y T716P) y cinco sinónimas (Ensembl database). Los SNP identificados en el presente trabajo han sido caracterizados en una población comercial bastante consanguínea, por lo que es de esperar que la secuencia de un mayor número de individuos de otras razas porcinas permitan revelar nuevos polimorfismos adicionales. Uno de los objetivos del presente trabajo consistía en identificar las mutaciones causales subyacentes a los distintos QTL identificados. Por este motivo se procedió a desarrollar métodos basados en la técnica de *primer extension analysis* para el genotipado de dos de los cuatro polimorfismos encontrados en la población Duroc. En las Figuras 4.2 y 4.3 se observan los tres posibles genotipos para los polimorfismos SNP c.771A>G y c.1101A>G.

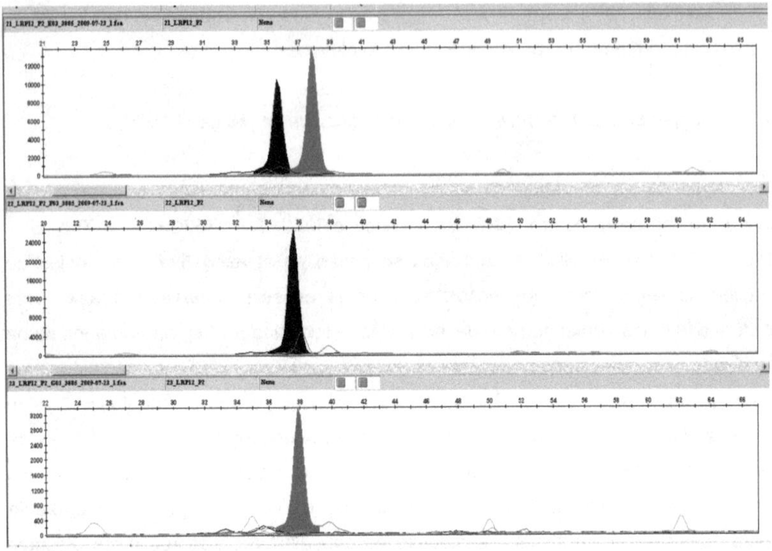

Figura 4.2. Electroferogramas del SNP c.771A>G procesados mediante el software Gene Mapper (en este caso se ha empleado un primer de extensión *reverse*). Carril superior: AG, carril intermedio:GG, carril inferior: AA.

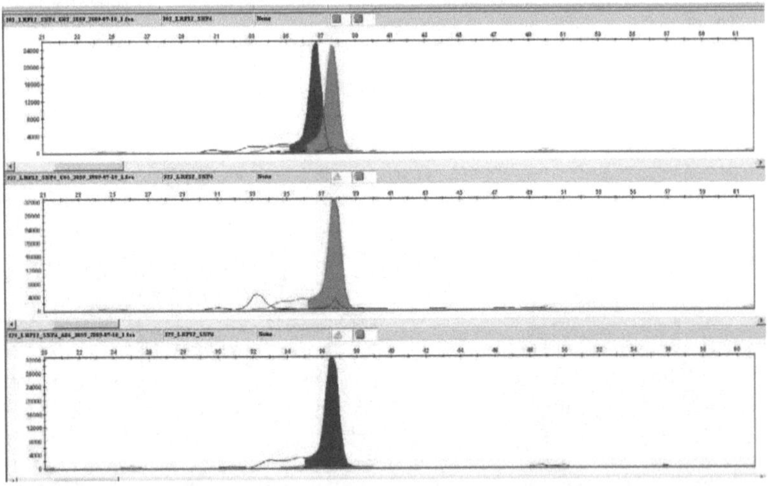

Figura 4.3. Electroferogramas del SNP c.1101A>G procesados mediante el software Gene Mapper (en este caso se ha empleado un primer de extensión *forward*). Carril superior: AG, carril intermedio:AA, carril inferior: GG.

Las frecuencias genotípicas obtenidas para los SNP c.771A>G y c.1101A>G se muestran en la Tabla 4.1, indicándose las frecuencias absolutas por familias y las frecuencias relativas en la población total. Con respecto al SNP c.771A>G, se aprecia que la frecuencia del alelo G es relativamente baja, segregando el genotipo GG sólo en dos familias, lo cual dificulta la estimación de medias fenotípicas fiables para dicho genotipo en relación a los distintos caracteres estudiados. En el caso del SNP c.1101A>G, el alelo minoritario es el A, aunque la frecuencia genotípica AA (15%) no es extremadamente baja y dicho alelo segrega en cuatro de las cinco familias. Las frecuencias alélicas desequilibradas de estos SNP pueden deberse a distintos factores como la selección, la deriva genética y muy posiblemente la consanguinidad, que en esta línea comercial parece ser considerable.

Tabla 4.1. Frecuencias del genotipo *LRP12* en la población experimental Duroc

SNP	Genotipo	Frecuencias
SNP c.771A>G	**AA**	0.381
	AG	0.558
	GG	0.061
SNP c.1101A>G	**AA**	0.154
	AG	0.478
	GG	0.368

4.1.3. Estudio de asociación entre el polimorfismo del gen LRP12 porcino y caracteres lipídicos

Una vez aplicada la corrección de Bonferroni, se ha considerado que las asociaciones con un *P*-value menor o igual a 0.001 son significativas mientras que aquellas con un *P*-value mayor a 0.001 e inferior o igual a 0.05 serían meramente sugestivas. En cuanto al gen *LRP12*, no se detectó ninguna asociación con la concentración de triglicéridos a 190 días, carácter para el cual se había hallado un QTL en la región genómica que contiene el locus LRP12. Ello implica que la mutación causal que explica la existencia de este QTL no está en desequilibrio de ligamiento con los dos polimorfismos analizados. Por el contrario, se observó la existencia de una asociación sugestiva entre el genotipo SNP c.771A>G y la concentración sérica de triglicéridos a 45 días (Tabla 4.2), carácter para el cual no se ha identificado ningún QTL en esta región. Este mismo SNP presenta asociación con HDL a 190 días (Tabla

4.2). Respecto al genotipo SNP c.1101A>G no presentó ninguna asociación con caracteres lipídicos (Tabla 4.2). Aunque la función precisa de LRP12 no se conoce con exactitud, se sabe que los distintos miembros de la familia LRP juegan un papel importante en el metabolismo de las lipoproteínas. Por ejemplo, los quilomicrones, partículas lipoproteicas ricas en triglicéridos, son hidrolizados a nivel tisular por la lipoproteína lipasa dando lugar a los remanentes de quilomicrón, que son especialmente ricos en ésteres de colesterol (Lillis *et al.* 2008). Dichos remanentes son captados, a nivel hepático, por LRP1 (y otros receptores) a través de la unión con la apolipoproteína E, y se sabe que alteraciones en este receptor causa cambios en el almacenaje de grasa en organismos modelo (Hofmann *et al.* 2007; Masson *et al.* 2009). De forma similar, LRP2 es un receptor que puede unirse a múltiples ligandos entre los cuales cabe destacar las partículas VLDL y LDL (May *et al.* 2009), por lo que cualquier mutación que afecte a la funcionalidad de esta molécula puede tener efectos pleiotrópicos. Sería interesante conocer mejor la función y los ligandos de LRP12 para interpretar las asociaciones observadas. Los polimorfismos identificados en el gen *LRP12* porcino son sinónimos por lo que, en principio, no cabe esperar que tengan efectos causales. En cualquier caso, lo más probable que es que las asociaciones observadas se deban a que los SNP analizados se hallan en desequilibrio de ligamiento con la mutación causal.

Tabla 4.2. Análisis de asociación entre el genotipo *LRP12* porcino y concentraciones de lípidos séricos en una población comercial de cerdos Duroc a los 45 y 190 días de edad.

Carácter (mg/dL)	SNP c.771A>G				SNP c.1101A>G			
	AA	AG	GG	*P-value*	AA	AG	GG	*P-value*
Niveles séricos a 45 días de edad								
COL	81.703	81.687	78.705	0.46	81.991	80.681	80.370	0.87
HDL	32.392	32.119	30.788	0.30	32.208	31.659	32.388	0.81
LDL	40.034	41.226	38.696	0.31	40.980	40.107	39.138	0.81
TG	46.387[a]	41.508[b]	46.075[a]	**0.04**	43.903	44.451	44.268	0.96
Niveles séricos a 190 días de edad								
COL	129.078	126.123	123.301	0.40	125.378	126.076	121.108	0.74
HDL	54.760[a]	51.846[b]	50.445[b]	**0.04**	53.100	50.914	50.296	0.19
LDL	65.088	63.818	62.628	0.76	61.829	65.093	60.225	0.31
TG	45.320	51.723	51.111	0.21	51.240	50.289	52.596	0.88

COL: Colesterol, HDL: Lipoproteínas de alta densidad, LDL: Lipoproteínas de baja densidad, TG: Triglicéridos.

Se ha encontrado asociaciones sugestivas y significativas entre el genotipo *LRP12* y diversos caracteres ligados al porcentaje y a la composición de la grasa intramuscular (Tablas 4.3 y 4.4). Este resultado es reseñable puesto que en el barrido genómico para caracteres relacionados con el porcentaje y composición de la grasa intramuscular no se detectó ningún QTL localizado en el cromosoma 4 porcino. Por lo general, se observa una baja concordancia en cuanto a los resultados obtenidos en ambos músculos. El SNP c.771A>G tiene efectos sugestivos en el músculo *gluteus medius* sobre el contenido de ácido graso palmítico, mientras que dicha asociación no se observa para el músculo *longissimus dorsi*. Respecto al SNP c.1101A>G se observa una asociación significativa en el músculo *gluteus medius* con el porcentaje de ácidos grasos saturados (P = 0.0006), y asociaciones sugestivas con los ácidos grasos palmítico y esteárico así como con el porcentaje de grasa intramuscular. En humano, varios miembros de la familia LRP han sido consistentemente relacionados con variación de caracteres lipídicos. Por ejemplo, polimorfismos de los genes *LRP5*, *LRP6* y *LRP8* han sido asociados con obesidad (Guo *et al*, 2006), concentraciones de LDL (Tomaszewski *et al.* 2009), tamaño y composición de partículas LDL, así como concentraciones de colesterol (Dolley *et al.* 2011).

Tabla 4.3. Análisis de asociación entre el SNP c.771A>G del gen *LRP12* porcino y caracteres relacionados con la composición de grasa en músculos *longissimus dorsi* y *gluteus medius* en una población comercial Duroc.

Carácter (%)	Músculo *Longissimus dorsi*				Músculo *Gluteus medius*			
	AA	**AG**	**GG**	**P-value**	**AA**	**AG**	**GG**	**P-value**
IMF	3.84	3.85	3.78	0.92	5.01	5.11	5.11	0.94
Palmítico	23.485	23.314	23.285	0.63	**23.559^{a}**	**23.101^{b}**	**23.179^{b}**	**0.04**
Esteárico	11.534	11.669	11.780	0.48	11.142	11.149	11.211	0.87
Oleico	33.58	34.82	34.54	0.26	34.41	34.95	35.07	0.64
Linoleico	15.379	14.338	14.567	0.35	15.325	15.087	15.108	0.91
SFA	36.941	36.878	36.971	0.93	36.753	36.261	36.440	0.2
PUFA	21.244	19.940	20.191	0.25	42.503	43.064	43.103	0.71
MUFA	41.816	43.193	42.836	0.45	20.743	20.673	20.456	0.93

IMF: Grasa intramuscular, SFA: Ácidos grasos saturados, MUFA: Ácidos grasos monoinsaturados, PUFA: Ácidos grasos poliinsaturados

Tal como se ha comentado, la concordancia de efectos entre ambos músculos es relativamente baja. Cuando se ha realizado un barrido genómico para la composición de ácidos grasos se ha observado el mismo fenómeno, es decir, la localización de los QTL para composición y porcentaje de la grasa intramuscular tiene un bajo nivel de coincidencia cuando se comparan los músculos *longissimus dorsi* y *gluteus medius* (Quintanilla *et al.* 2011). Ello posiblemente se deba a que la "penetrancia" de los QTL tenga relación con los niveles de expresión génica, la cual es bastante distinta en ambos músculos tal como se ha evidenciado mediante el análisis de *microarrays* (Quintanilla *et al.*, resultados no publicados). Este fenómeno es relevante desde el punto de vista de la selección porcina porque implica que un determinado polimorfismo puede tener efectos distintos dependiendo del músculo que se tome en consideración. Incluso sería posible que un SNP con efectos deseables en un determinado músculo tuviera efectos negativos en otro. Ello se ve complicado por el hecho de que lo que resulta deseable desde un punto de vista tecnológico (disminuir los ácidos grasos poliinsaturados puesto que están asociados a fenómenos de enranciamiento y oxidación) es indeseable desde una perspectiva de salud humana (una dieta rica en ácidos grasos poliinsaturados disminuye el riesgo de sufrir enfermedades cardiovasculares).

Tabla 4.4. Análisis de asociación entre el SNP c.1101A>G del gen *LRP12* porcino y caracteres relacionados con el porcentaje y la composición de la grasa en los músculos *longissimus dorsi* y *gluteus medius* en una población comercial Duroc.

Carácter (%)	**Músculo *Longissimus dorsi***				**Músculo *Gluteus medius***			
	AA	**AG**	**GG**	**P-value**	**AA**	**AG**	**GG**	**P-value**
IMF	3.82	3.89	3.52	0.26	5.35[a]	5.05[a]	4.12[b]	**0.02**
Palmítico	23.477	23.267	23.146	0.32	**23.461[a]**	**23.040[b]**	**22.998[b]**	**0.008**
Esteárico	11.846	11.634	11.486	0.28	**11.391[a]**	**11.069[b]**	**10.802[b]**	**0.01**
Oleico	34.05	34.93	34.48	0.29	34.56	34.06	34.19	0.48
Linoleico	14.829	14.901	14.874	0.57	15.165	15.140	15.992	0.62
SFA	37.243	36.797	36.514	0.14	**36.890[a]**	**36.119[b]**	**35.903[b]**	**0.0006**
PUFA	20.527	19.870	20.313	0.21	20.545	20.703	21.819	0.43
MUFA	42.248	43.332	42.869	0.65	42.564	43.176	42.279	0.65

IMF: Grasa intramuscular, SFA: Ácidos grasos saturados, MUFA: Ácidos grasos monoinsaturados, PUFA: Ácidos grasos poliinsaturados

4.2. Gen Tribbles homolog 1 (*TRIB1*) porcino

4.2.1. Caracterización molecular del gen TRIB1 porcino

Se amplificó un fragmento de 2256 pb, correspondiente a parte de la región codificante del gen *TRIB1* (75%) así como un fragmento de la región 3' UTR, mediante seis pares de cebadores (Número de acceso a GenBank: JX092266). Este fragmento fue secuenciado en 8 individuos con genotipos alternativos para el QTL de concentración de triglicéridos localizado en el cromosoma 4.

El análisis de la secuencia aminoacídica mediante el programa Scan Prosite (http://www.expasy.ch/tools/scanprosite) reveló la existencia de un dominio funcional proteinquinasa (Figura 4.4). La familia de las proteinquinasas es muy extensa aunque todos sus miembros poseen un dominio catalítico común en el que pueden distinguirse dos motivos estructurales: un motivo N-terminal rico en glicinas próximas a un residuo lisina con la capacidad de unirse al ATP, y otro motivo, en el centro del dominio catalítico, que contiene un residuo aspartato importante en el proceso de catálisis enzimática.

96 166

LLPLAEREHVSRALCIHTGRELRCKVFPIKHYQDKIRPYIQLPSHRNITGIVEVILGETKAYVFFERDFG

236

DMHSYVRSRKRLREEEAARLFKQIVSAVAHCHQSAIVLGDLKLRKFVFSTEERTQLRLESLEDTHIIKGE

306

DDALSDKHGCPAYVSPEILNTTGTYSGKAADVWSLGVMLYTLLVGRYPFHDSDPSALFSKIRRGQFCIPD

373

HISPKARCLIRSLLRREPSERLTAPEILLHPWFQSVLEPGYVDPEIGTSDQIVPEYQEDSDISSFFC

Figura 4.4. Secuencia aminoacídica parcial de la proteína *TRIB1* porcina. El residuo aspartato que forma parte del centro catalítico se indica con un recuadro gris El dominio proteinquinasa está subrayado.

4.2.2. Búsqueda de polimorfismos en la región codificante y región 3´UTR del gen TRIB1

Al proceder con el alineamiento de las secuencias obtenidas en los 8 individuos analizados no se encontraron posiciones polimórficas en la región codificante de este gen. Sin embargo, se halló una inserción de dos nucleótidos en la región 3' UTR (posiciones 156 y 157). Mediante la técnica de *primer extension analysis* se procedió a genotipar dicho polimorfismo en la población Duroc (Figura 4.5).

Las frecuencias genotípicas obtenidas se muestran en la Tabla 4.5, indicándose las frecuencias absolutas por familias y las frecuencias relativas en la población total. El alelo minoritario es la inserción TG, segregando a baja frecuencia en tres de las cinco familias.

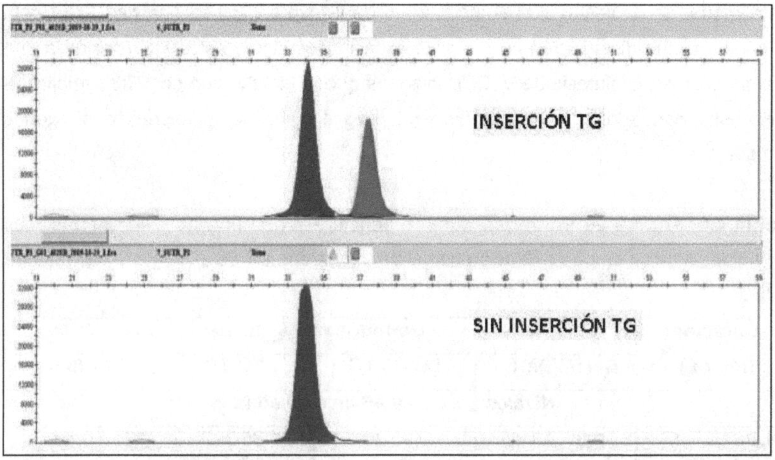

Figura 4.5. Electroferogramas de la región 3' UTR procesados mediante el software Gene Mapper (en este caso se ha empleado un primer de extensión *forward*). Carril superior: Inserción TG, carril inferior: Sin inserción TG.

Tabla 4.5. Frecuencias del genotipo *TRIB1* en la población experimental Duroc.

Genotipo	Frecuencias
DelTG/DelTG	0.415
DelTG/TG	0.497
TG/TG	0.088

4.2.3. Estudio de asociación entre el polimorfismo del gen TRIB1 porcino y caracteres lipídicos

El análisis de asociación para lípidos séricos reveló una asociación significativa entre el genotipo a estudio con HDL a 190 días de edad (umbral de significación para TRIB1. *P*-value ≤ 0.003), y otra sugestiva con el colesterol a la misma edad (Tabla 4.6). Estudios de asociación entre un SNP ubicado en la región 3' UTR del gen *TRIB1* en humanos han evidenciado la existencia de una fuerte asociación con la concentración de triglicéridos (Willer *et al.* 2008), así como un aumento de los niveles de HDL y reducción de colesterol y LDL (Kathiresan *et al.* 2008). Los resultados encontrados por Burkhardt y colaboradores (2010) en ratones demuestran el rol fundamental que tiene el gen *TRIB1* en la lipogénesis hepática y síntesis de VLDL. De este modo, se demostró que el incremento de la expresión hepática de TRIB1 está asociada a una disminución de los niveles de triglicéridos y colesterol (debido a una disminución en la síntesis de VLDL), mientras que la inactivación de TRIB1 implica el fenómeno contrario, con un aumento muy significativo de la expresión de genes lipogénicos.

Tabla 4.6. Análisis de asociación entre el genotipo *TRIB1* porcino y concentraciones de lípidos séricos en una población comercial de cerdos Duroc a los 45 y 190 días de edad.

Carácter (mg/dL)	**Genotipo c*156_157del**			
	DelTG/DelTG	**DelTG/TG**	**TG/TG**	**P-Value**
	Niveles séricos a 45 días de edad			
COL	80.900	79.720	85.397	0.40
HDL	32.597	30.886	32.827	0.13
LDL	39.739	39.957	43.974	0.30
TG	42.701	44.243	43.083	0.72
	Niveles séricos a 190 días de edad			
COL	**125.255**[b]	**123.372**[b]	**136.954**[a]	**0.04**
HDL	**51.343**[b]	**50.913**[b]	**57.895**[a]	**0.003**
LDL	64.165	62.134	68.022	0.35
TG	48.575	50.935	55.435	0.34

COL: Colesterol, HDL: Lipoproteínas de alta densidad, LDL: Lipoproteínas de baja densidad, TG: Triglicéridos.

Finalmente, se ha encontrado asociaciones muy significativas entre el genotipo *TRIB1* c*156_157del y caracteres ligados al porcentaje y a la composición de la grasa intramuscular (Tabla 4.7). Tal como se ha comentado anteriormente, al realizar el barrido genómico para caracteres relacionados con el porcentaje y composición de la grasa intramuscular no se detectó ningún QTL localizado en el cromosoma 4 porcino (Quintanilla *et al.* 2011). En la Tabla 4.7 puede observarse la existencia de asociaciones significativas entre el genotipo *TRIB1* y el porcentaje de esteárico y ácidos grasos saturados en el músculo *gluteus medius*. También se ha identificado asociaciones sugestivas con esteárico en el músculo *longissimus dorsi* y con palmítico en ambos músculos. En general, la consistencia de resultados en ambos músculos es bastante elevada. Aunque no se ha descrito hasta la fecha ninguna asociación entre el gen *TRIB1* y el metabolismo lipídico a nivel muscular, se sabe que TRIB3, otro miembro de la familia *Tribbles*, induce la degradación de la enzima lipogénica acetil-CoA carboxilasa α en el tejido adiposo y aumenta la β-oxidación de ácidos grasos (Qi *et al.* 2006). No puede descartarse, por tanto, que TRIB1 pueda tener un efecto directo sobre el metabolismo de lípidos del músculo esquelético, aunque ello está pendiente de ser demostrado. Por otra parte, y tal como ya se ha comentado anteriormente, se sabe que el gen *TRIB1* juega un papel fundamental en la síntesis de VLDL, cuya función consiste en transportar lípidos desde el hígado a distintos tejidos, por lo cual podría afectar al contenido de lípidos del músculo esquelético a través de esta vía indirecta.

Tabla 4.7. Análisis de asociación entre el genotipo c*156_157del del gen *TRIB1* porcino y caracteres relacionados con el porcentaje y la composición de la grasa en los músculos *longisimus dorsi* y *gluteus medius* en una población comercial Duroc.

Carácter (%)	**Músculo *longissimus dorsi***				**Músculo *Gluteus medius***			
	DelTG DelTG	**DelTG TG**	**TG/TG**	**P-value**	**DelTG DelTG**	**DelTG TG**	**TG/TG**	**P-value**
IMF	3.88	3.78	3.81	0.84	5.02	5.11	5.72	0.22
Palmítico	**23.182^{b}**	**23.533^{a}**	**23.011^{b}**	**0.02**	**22.985^{b}**	**23.331^{a}**	**23.504^{a}**	**0.01**
Esteárico	**11.529^{b}**	**11.799^{ab}**	**12.093^{a}**	**0.04**	**10.943^{c}**	**11.242^{b}**	**11.800^{a}**	**0.0005**
Oleico	34.73	34.76	32.59	0.06	34.96	34.90	35.61	0.71
Linoleico	14.659	14.170	15.970	0.12	15.318	15.055	14.209	0.36
SFA	36.628	37.226	36.971	0.06	**35.995^{c}**	**36.591^{b}**	**37.307^{a}**	**0.0003**
PUFA	20.311	19.661	22.239	0.07	20.915	20.451	19.060	0.27
MUFA	43.074	43.110	40.741	0.12	43.089	42.957	43.631	0.77

IMF: Grasa intramuscular, SFA: Ácidos grasos saturados, MUFA: Ácidos grasos monoinsaturados, PUFA: Ácidos grasos poliinsaturados

ANÁLISIS DEL GEN ADIPOQ LOCALIZADO EN EL INTERVALO DE CONFIANZA DE UN QTL SSC13 PARA LA CONCENTRACIÓN SÉRICA DE LDL A 190 DÍAS

4.3. Gen de la adiponectina (*ADIPOQ*) porcina

4.3.1. Caracterización molecular del gen ADIPOQ porcino

Se amplificó un fragmento de 2379 pb, correspondiente al 98.9% de la región codificante del gen *ADIPOQ*, así como un fragmento de la región 3' UTR, mediante cuatro pares de cebadores (Número de acceso a GenBank: JX092267). Este fragmento fue secuenciado en 9 individuos con genotipos alternativos (reciben los alelos Q o q del padre) para el QTL de concentración sérica de LDL a 190 días localizado en el cromosoma 13.

El análisis de la secuencia aminoacídica mediante el programa Scan Prosite (http://www.expasy.ch/tools/scanprosite) reveló la existencia de un dominio globular carboxilo terminal (Figura 4.6).

```
70
MLLLGAVLLLLALPSLGQETTEKPGALLPMPKGACAGWMAGIPGHPGHNGTPGRDGRDGVPGEKGEKGDT
                                                                     140
GLTGPKGDTGESGVTGVEGPRGFPGIPGRKGEPGESAYVYRSAFSVGLETRVTVPNMPIRFTKIFYNQQN
                                                                     210
HYDVTTGKFHCNIPGLYYFSFHITVYLKDVKVSLYKKDKAVLFTYDQYQDKNVDQASGSVLLYLEKGDQV
                                  243
WLQAYGDEENNGVYADNVNDSIFTGFLLYHNIE
```

Figura 4.6. Secuencia aminoacídica del gen *ADIPOQ* porcino, observándose el dominio globular carboxilo terminal (recuadro negro).

El dominio globular carboxilo terminal presenta una estructura tridimensional que guarda similitud con la del factor de necrosis tumoral α, sin embargo a nivel de secuencia primaria no se observa dicha similitud (Ouchi *et al.* 2003). Este dominio es importante para la estimulación de la oxidación de ácidos grasos en el tejido muscular (Fruebis *et al.* 2005).

4.3.2. Búsqueda de polimorfismos en la región codificante del gen ADIPOQ

Al realizar el alineamiento de las nueve secuencias obtenidas del gen *ADIPOQ* porcino se halló un SNP c.*1512G>T localizado en la región 3' UTR. Posteriormente, mediante la técnica de pirosecuenciación se procedió a genotipar dicho polimorfismo en la población experimental Duroc. En la figura 4.7 se observa los tres posibles genotipos para el polimorfismo de la región 3' UTR.

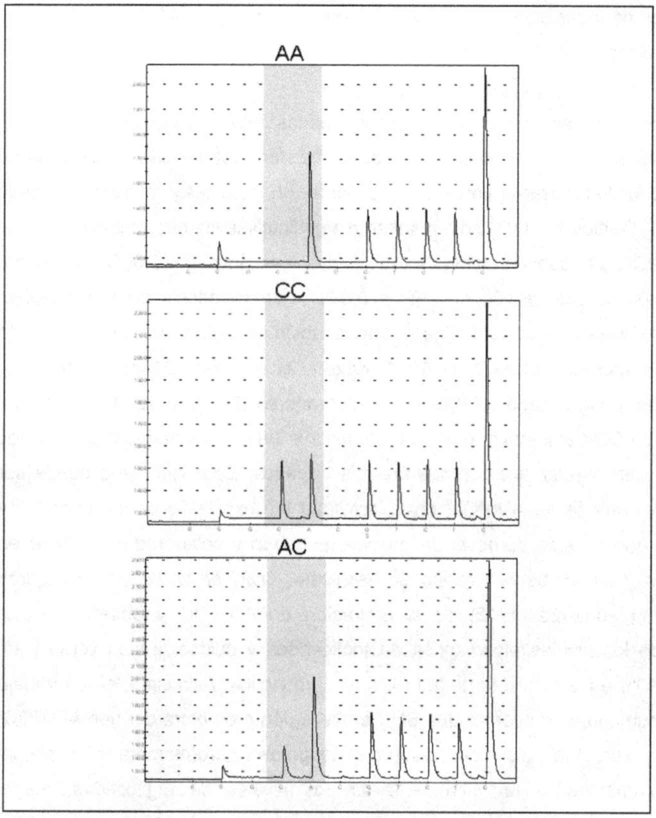

Figura 4.7. Pirogramas correspondientes al polimorfismo c.*1512G>T del gen *ADIPOQ* (se indican los 3 genotipos posibles en la cadena reversa).

Las frecuencias genotípicas obtenidas se muestran en la Tabla 4.8, indicándose las frecuencias absolutas por familias y las frecuencias relativas en la población total.

Tabla 4.8. Frecuencias del genotipo *ADIPOQ* en la población experimental Duroc.

Genotipo	Frecuencias
AA	0.125
CA	0.489
CC	0.386

4.3.3. Estudio de asociación entre el polimorfismo del gen ADIPOQ porcino y caracteres lipídicos

El análisis de asociación para lípidos séricos reveló asociaciones entre el genotipo a estudio con triglicéridos a 45 días y colesterol total y LDL a 190 días de edad (Tabla 4.9). Al realizar la corrección de Bonferroni para tests múltiples (Umbral: de ignificación, *P*-value = 0.003) solo resultaron significativas las asociaciones entre el genotipo ADIPOQ y la concentración de triglicéridos a 45 días (P = 0.0018), así como la concentración de LDL a 190 días (P = 0.0027). La existencia de correlaciones negativas entre niveles de adiponectina y concentración de triglicéridos séricos ha sido descrito en humano (Comuzzie *et al.* 2001; Kazumi *et al.* 2004; Schulze *et al.* 2004; Chan *et al.* 2005). Un estudio de Asano y colaboradores (2009) en ratones *knockout* para el gen *ADIPOQ* demostró que dichos ratones sufrían un incremento en los niveles de triglicéridos en hígado, así como esteatosis hepática. Este fenómeno puede ser explicado por el efecto de ADIPOQ en la actividad y/o expresión de la lipoproteína lipasa, efecto que ha sido demostrado por von Eynatten y colaboradores (2004) en individuos con y sin diabetes de tipo 2. Asimismo, Qiao *et al.* (2008) produjeron ratones con un aumento (x 12) de la expresión de ADIPOQ y observaron una disminución de los niveles plasmáticos de triglicéridos y ácidos grasos libres y un aumento del 40% en la actividad de la LPL a nivel muscular. Asimismo, en un trabajo realizado en humano, se encontró dos SNP en la región promotora del gen ADIPOQ, los cuales tienen un efecto significativo sobre el riesgo de síndrome metabólico, el cual tiene como característica un incremento en los niveles de triglicéridos, mayor perímetro abdominal y bajos niveles de HDL (Karmelic *et al.* 2012). Los resultados obtenidos en el presente trabajo indican una asociación significativa entre el genotipo ADIPOQ y triglicéridos a 45 días pero no así a 190 días, lo cual sugiere un efecto dependiente de la edad. De forma similar, Villalba y colaboradores (2008) reportaron la existencia de una asociación dependiente de la edad entre el genotipo de la leptina y el porcentaje de grasa intramuscular. Gallardo y colaboradores (2008) también reportaron una falta de concordancia posicional entre mapas de QTL para lípidos séricos a 45 y 190 días. Todo ello indica que la penetrancia de genes/genotipos relacionados con el metabolismo lipídico puede ser modulada por factores temporales. Las concentraciones de ADIPOQ han sido asociadas positivamente con la concentración de HDL, reduciéndose el riesgo de sufrir enfermedades cardiovasculares (Kazumi *et al.* 2004; Kantartzis *et al.* 2006). En nuestro estudio, no encontramos asociación entre el genotipo ADIPOQ y concentración de HDL a 45 y 190 días de edad. Inversamente, encontramos una asociación muy significativa con la concentración de LDL a 190 días. Esto es de esperar ya que en personas obesas las concentraciones de ADIPOQ y LDL plasmáticas están correlacionadas negativamente (Kantartzis *et al.* 2006), y lo mismo puede decirse del tamaño de las partículas de LDL (Lara-Castro *et al.* 2006).

Tabla 4.9. Análisis de asociación entre el genotipo c.*1512G>T porcino y concentraciones de lípidos séricos en una población comercial de cerdos Duroc a los 45 y 190 días de edad.

Carácter (mg/dL)	**Genotipo c.*1512G>T**			
	AA	**CA**	**CC**	**P-Value**
	Niveles séricos a 45 días de edad			
COL	83.19	79.75	79.71	0.61
HDL	32.89	31.23	31.43	0.47
LDL	39.93	39.61	40.18	0.93
TG	**51.69^{a}**	**44.44^{b}**	**40.33^{b}**	**0.0018**
	Niveles séricos a 190 días de edad			
COL	**129.44^{ab}**	**120.71^{b}**	**130.06^{a}**	**0.0074**
HDL	55.32	51.04	51.51	0.06
LDL	**61.09^{ab}**	**59.69^{b}**	**68.08^{a}**	**0.0027**
TG	49.50	49.14	52.33	0.50

COL: Colesterol, HDL: Lipoproteínas de alta densidad, LDL: Lipoproteínas de baja densidad, TG: Triglicéridos.

Finalmente, no se ha encontrado ninguna asociación entre el genotipo *ADIPOQ* y el porcentaje y la composición de la grasa intramuscular en los músculos *longissimus dorsi* y *gluteus medius.*

Tabla 4.10. Análisis de asociación entre el genotipo *ADIPOQ* porcino y caracteres relacionados con el porcentaje y la composición de la grasa en los músculos *longisimus dorsi* y *gluteus medius* en una población comercial Duroc.

Carácter (%)	Músculo *longissimus dorsi*				Músculo *Gluteus medius*			
	AA	CA	CC	P-value	AA	CA	CC	P-value
IMF	3.95	3.77	3.85	0.73	5.38	5.01	5.19	0.51
Palmítico	23.428	23.383	23.261	0.65	23.223	23.163	23.247	0.82
Esteárico	11.120	11.229	11.106	0.62	11.660	11.791	11.612	0.46
Oleico	34.502	34.989	34.950	0.80	34.091	34.598	34.686	0.78
Linoleico	15.566	15.102	15.032	0.72	14.833	14.482	14.517	0.90
SFA	37.041	37.065	36.780	0.50	36.337	36.432	36.390	0.94
PUFA	20.557	20.081	20.160	0.92	21.038	20.539	20.554	0.87
MUFA	42.400	42.866	43.060	0.78	42.622	43.028	43.055	0.86

IMF: Grasa intramuscular, SFA: Ácidos grasos saturados, MUFA: Ácidos grasos monoinsaturados, PUFA: Ácidos grasos poliinsaturados

Con la finalidad de confirmar que el efecto del genotipo ADIPOQ sobre la concentración de LDL a 190 días no se debe al QTL para dicho carácter localizado en el cromosoma 13 porcino, se llevó a cabo un análisis más complejo en el que se contemplaban 4 modelos (ver Material y Métodos). El contraste del modelo Q (con QTL) vs el modelo 0 (sin QTL y sin genotipo ADIPOQ) fue altamente significativo (P = 0.0059), y lo mismo puede decirse del contraste de los modelos G (con gen ADIPOQ) y 0 (P = 0.0003). El resultado más destacable, sin embargo es que el contraste del modelo GQ (con QTL y genotipo ADIPOQ) vs Q fue significativo (P = 0.026) y en cambio el contraste de los modelos GQ vs G no fue significativo. Ello indica que el efecto significativo del gen ADIPOQ sobre la concentración sérica de LDL no desaparece cuando se incluye el QTL SSC13 en el modelo, y en cambio el efecto del QTL si deja de ser significativo cuando se considera el genotipo ADIPOQ en el modelo. Todo ello sugiere que existe una asociación genuina entre el genotipo ADIPOQ y la concentración sérica de LDL a 190 días, aunque ello no implique necesariamente la existencia de causalidad. Cabe concluir que hay indicios de que el gen ADIPOQ podría explicar la segregación del QTL SSC13 para LDL a 190 días, por lo que sería recomendable estudiar este gen con mayor profundidad.

ANÁLISIS MOLECULAR DE DISTINTOS LOCI PERTENECIENTES A LA FAMILIA GÉNICA SOLUTE CARRIER FAMILY 27 (FATTY ACID TRANSPORTER)

4.4. Genes de la familia solute carrier family 27A porcina.

El análisis molecular de los genes *SLC27A1*, *SLC27A2* y *SLC27A4* se realizó en el contexto de un proyecto de colaboración con el área de Genètica i Millora Animal del IRTA de Lleida, cuya finalidad consistía en describir la localización cromosómica, patrón de expresión tisular y variabilidad genética de esta familia de genes relacionados con la absorción y transporte de ácidos grasos de cadena larga. En el marco de esta colaboración, al equipo UAB se le asignó la tarea de secuenciar los genes *SLC27A1*, *SLC27A2* y *SLC27A4*, determinar la existencia de polimorfismos y realizar análisis de asociación con una amplia diversidad de caracteres relacionados con el metabolismo lipídico.

4.4.1 Caracterización molecular de los genes SLC27A1, SLC27A2 y SLC27A4 porcinos

En total, se secuenció en 15 cerdos Duroc con fenotipos divergentes para distintos caracteres lipídicos, 2.6 kb del gen SLC27A1 (Números de acceso a GenBank: JQ946555, JQ946556, JQ946557), 2.2 kb del gen SLC27A2 (Número de acceso a GenBank: JX092264) y 1.8 kb del gen SLC27A4 (Números de acceso a GenBank: JX103441, JQ946558, JQ946559). Dichas secuencias abarcaban la totalidad de la región codificante en caso del gen *SLC27A2*, el 98.09% de la región codificante del gen *SLC27A1* y el 95.6% de la región codificante del gen *SLC27A4*, así como parte de la 3'UTR (*SLC27A1*: 716 pb y *SLC27A2*: 294 pb). El análisis de las 3 secuencias aminoacídicas SLC27A1, SLC27A2 y SLC27A4 mediante el programa Scan Prosite (http://www.expasy.ch/tools/scanprosite) reveló la existencia, en los genes *SLC27A1* y *SLC27A4* de un dominio funcional lipocalina así como un dominio de unión a AMP para los tres genes (Figuras 4.8, 4.9 y 4.10). Las lipocalinas son proteínas transportadoras de moléculas hidrófobas y tienen un rango de funciones muy variado, estando relacionadas con el transporte de retinol, la pigmentación en invertebrados, la olfacción y el transporte de feromonas, la regulación de la homeostasis celular, la síntesis de prostaglandinas, la eliminación de diversos compuestos exógenos y endógenos y la modulación de la respuesta inmune (Flower *et al.* 2000).

70
MRTPGACSASVASLVLLWLLGLPWTWSTAAALGVYVGGGGWRFLRIVCKTARRDLFGLSVLIRVRLELRR

140
HQRARHTIPQIFQAVARQQPEHLALVDAGSGACWTFAQLDAYSNAVANLFRQLGFVPGDVVAIFLEGRPE

210
FVGLWLGLAKAGMEAALLNINLRREPLTFCLGTSGAKALVFGEELAVAVAEVSGQLGKSLVKFCSGDSRP

280
EGLLPDTQLLDPLLKETSTAPLAQPPGKGMDDRLFYIYTSGTTGLPKAAIVVHSRYYRIAAFGHHSYRMQ

350
ATDVIYDCLPLYHSAGNIVGVGQCLIYGLTVVLRKKFSASRFWEDCVKYNCTVVQYIGEICRYLLKQPVR

420
EAEGQHRVRLAVGNGLRPAIWEEFTERFGVRQIGEFYGATECNCSIANMDGKVGACGFNSRILPHVYPIR

490
LVKVNEDTMELLRDAQGLCIPCQAGEPGLLVGQINQQDPLRRFDGYISESATSKKIAHSVFCKGDSAYLS

560
GDVLVMDELGYMYFRDRSGDTFRWRGENVSTTEVEGVLSRLLGQTDVAVYGVAVPGVEGKAGMAAIADPH

630
GQLSPNALYQELQKVLAPYARPIFLRLLPQVDTTGTFKIQKTRLQHEGFDPRQTSDRLFFLDLKQGHYLP

646
LDQSVYTRICSGAFFL

Figura 4.8. Secuencia aminoacídica del gen *SLC27A1* porcino, el dominio funcional lipocalina se indica con un recuadro negro y el dominio de unión a AMP está subrayado.

70
MLPVIYAALAGVLLLPLLVNLCCPYFFEDLNYFLKVARVTRRMRSYRQRRPVHTILNAFLDRARQTPRKP

140
FLLFQDETLTYAQVDRRSNQVARALRDHLGLRQGDCVAVFMGNEPAYVWLWLGLAKLGCAMACLNYNIRG

210
KSLLHCFQCCGAKVLLASPDLQAAIEEVLPSLKKDDVAIYYMSRSSNTDGVDSFLDKVDEVSTEPIPESW

280
RSEVNFSTPALYIYTSGTTGLPKAAMINHLRIWYGTGLAIASGVKEDDVLYTTLPLYHSAALMVGLHGCI

350
VSGATLVLRTKFSASHFWDDCRKYKVTVIQYIGELLRYLCNSPQKPNDRDHKVRMAMGNGLRADVWREFI

420
KRFGDIHIYEFYASTEGNIGFMNYTRKIGAVGRVNYLQKKVVTYELIKYDVEKDEPVRDGNGYCIKVPKG

490
EVGLLVCKITNLTPFNGYAGGKTQTEKKKLRDVFKKGDVYFNSGDLLMIDHENFIYFHDRVGDTFRWKGE

560
NVATTEVADVVGMVDFVQEVNVYGVSVPGHEGRIGMASIKMKENHEFDGKKLFKHVADYLPNYARPRFLR

620
IQDTIEITGTFKHRKVTLVEEGFNPAVIKDALYFLDDKAETYVPMTEDIYNAINDKALKL

Figura 4.9. Secuencia aminoacídica del gen *SLC27A2* porcino, el dominio de unión a AMP se muestra subrayado.

```
MLLAASLVGVLLFSRLVLKLPWTHVGFSLLFLYLGSGGWRFVRIFIKTVRRDVFGGMVLLKVKAKVRRYL 70
QERRTVPILFAATVQRHPDKTALIFEGTDTRWTFRQLDDYSSSVANFMQARGLASGDVAALLMENCNEFV 140
GLWLGMAKLGVEAALINTNLRRDALRHCLTSSRARALIFGSEMAPAVLEIHASLDPSLSLFCSGPWEPSA 210
VPAGTEHLDPLLEDAPKHLPSRPNKGFVDKLFYIYTSGTTGLPKAAIVVHSRYYRMAALVYYGFRMRPDD 280
VLYDCLPLYHTAGNIVGVGQCLLHGLTVVIRKKFSASRFWDDCVKYNCTIVQYIGELCRYLLNQPPREAE 350
KQHRVRMALGNGLRQSIWTSFSSRFHIPQVAEFYGATECNCSLGNFDGQVGACGFNSRILSFVYPIRLVR 420
VNEDTMELIRGPDGVCLPCRPGEPGQLVGTIVQKDPLRRFDGYLNQGANNKKIAKDVFKKGDQAYLTGDV 490
LVMDELGYLYFRDRTGDTFRWKGENVSTTEVEGTLSRLLNMADVAVYGVEVPGTEGRAGMAAVANPTGSC 560
DLERLAQLLEKELPLYARPIFLRLLPELHKTGTFKLQKTDLRKEGFDPAVVKDPLFYLDARKGRYVPLDR 630
EAYTLIQAGEVKL 643
```

Figura 4.10. Secuencia aminoacídica del gen *SLC27A4* porcino, el dominio funcional lipocalina se indica con un recuadro negro y el dominio de unión a AMP está subrayado.

4.4.2. Búsqueda de polimorfismos en la región codificante de los genes SLC27A1, SLC27A2 y SLC27A4

Al realizar el alineamiento de las distintas secuencias *SLC27A1* obtenidas se detectó dos SNP sinónimos c. 441C>T, c.747A>G y 1 SNP c.*400C>T en la región 3'UTR. En el gen SLC27A2 no se detectó ningún polimorfismo, mientras que en el gen SLC27A4 se halló dos SNP sinónimos c.243T>G y c.837C>T. Basándose en consideraciones técnicas, se seleccionaron los SNP c. 441C>T (*SLC27A1*) y c.837C>T (*SLC27A4*) para llevar a cabo el análisis de asociación con caracteres lipídicos, siendo genotipados en la población Duroc por PCR-RFLP y mediante un ensayo TaqMan de discriminación alélica, respectivamente (Figuras 4.11 y 4.12).

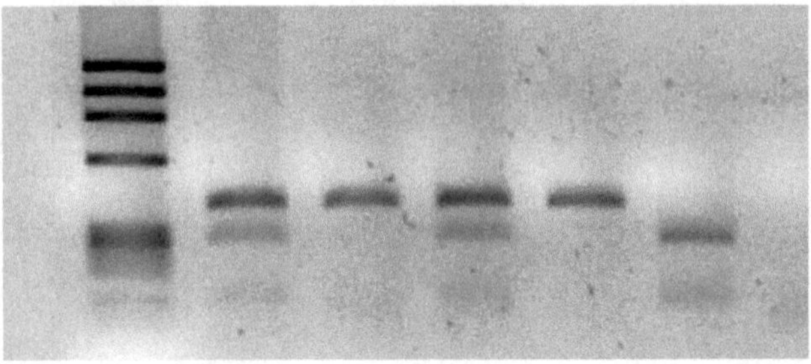

Figura 4.11. Análisis PCR-RFLP del gen SLC27A1 porcino. Carril 1: marcador de peso molecular, carril 2: CT, carril 3: TT, carril 4: CT, carril 5: TT y carril 6: CC

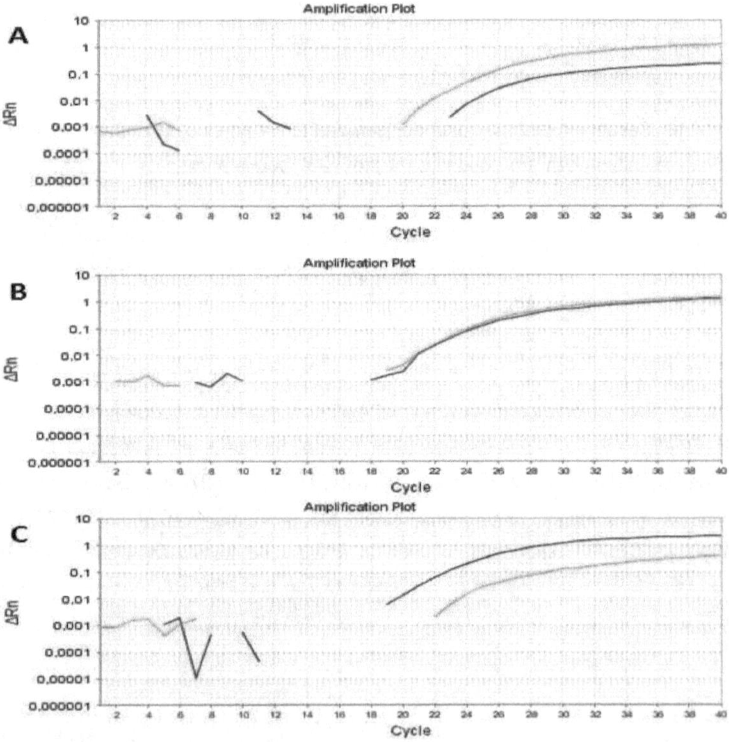

Figura 4.12. Genotipado del SNP c.837C>T (*SLC27A4*) mediante un ensayo TaqMan. A: Genotipo CC, B: Genotipo CT, C: Genotipo TT.

4.4.3. Estudio de asociación entre el polimorfismo de los genes SLC27A1 y SLC27A4 porcinos y diversos caracteres lipídicos

Los análisis de asociación para lípidos séricos y porcentaje y composición de la grasa intramuscular no revelaron ninguna asociación significativa para los dos genes bajo estudio (*SLC27A1* y *SLC27A4*), tal como se indica en las Tablas 4.11 a 4.14. Sí que se encontraron asociaciones sugestivas entre el genotipo *SLC27A1* y el porcentaje de ácidos grasos saturados de los músculos *gluteus medius* (P = 0.008) y *longissimus dorsi* (P = 0.02). El genotipo SLC27a1 también presentó una asociación sugestiva con el porcentaje de esteárico en el músculo gluteus medius (P = 0.009) Asimismo, el genotipo SLC27A4 presentó una asociación sugestiva con el contenido de ácidos grasos saturados del músculo *gluteus medius* (P = 0.03). Aunque ninguna de las asociaciones detectadas alcance el umbral de significación, un efecto de las proteínas SLC27A sobre el contenido de ácidos grasos resulta concebible desde un punto de vista biológico. En este sentido, Jeong y colaboradores (2012) han demostrado que la expresión de SLC27A1 y el contenido de grasa intramuscular están correlacionados positivamente en el bovino. Por otra parte, Jia y colaboradores (2007) analizaron la composición de ácidos grasos de líneas de fibroblastos normales vs *knockout* para SLC27A4 y observaron que en estos últimos se producía una reducción del 10% del contenido de ácidos grasos saturados y más específicamente, de ácido esteárico (con una disminución del 25%). Paralelamente, se observó un aumento en el contenido de ácidos grasos monoinsaturados (25%) y poliinsaturados (105%) en las líneas de fibroblastos *knockout* para SLC27A4. Todo ello indica que aunque la principal molécula diana de las proteínas transportadoras SLC27A sean los ácidos grasos de cadena larga (es decir, con más de veinte carbonos), también puede tener efectos sobre otros ácidos grasos de cadena más corta.

Tabla 4.11. Análisis de asociación entre el genotipo *SLC27A1* porcino y concentraciones de lípidos séricos en una población comercial de cerdos Duroc a los 45 y 190 días de edad.

Carácter (mg/dL)	AA	CA	CC	P-Value
Niveles séricos a 45 días de edad				
COL	81.78	79.33	81.66	0.59
HDL	31.95	31.09	32.93	0.36
LDL	41.28	39.42	39.03	0.47
TG	42.62	44.05	48.19	0.23
Niveles séricos a 190 días de edad				
COL	127.23	123.43	128.13	0.39
HDL	51.92	51.23	52.43	0.75
LDL	65.06	62.29	64.55	0.52
TG	51.20	48.71	55.79	0.20

COL: Colesterol, HDL: Lipoproteínas de alta densidad, LDL: Lipoproteínas de baja densidad, TG: Triglicéridos.

Tabla 4.12. Análisis de asociación entre el genotipo *SLC27A1* porcino y caracteres relacionados con la composición de grasa en los músculos *longisimus dorsi* y *gluteus medius* en una población comercial Duroc.

Carácter (%)	Músculo *longissimus dorsi*				Músculo *Gluteus medius*			
	AA	**CA**	**CC**	**P-value**	**AA**	**CA**	**CC**	***P*-value**
IMF	3.90	3.76	3.85	0.71	4.96	5.23	5.20	0.49
Palmítico	23.13	23.50	23.28	0.06	23.03	23.32	23.33	0.09
Esteárico	11.57	11.85	11.55	0.12	**10.94^{b}**	**11.34^{a}**	**11.22^{ab}**	**0.009**
Oleico	34.61	34.66	34.08	0.77	34.89	35.01	34.90	0.97
Linoleico	14.75	14.29	14.80	0.64	15.30	14.97	14.90	0.71
SFA	**36.59^{b}**	**37.27^{a}**	**36.76^{b}**	**0.02**	**36.04^{b}**	**36.67^{a}**	**36.61^{ab}**	**0.008**
PUFA	20.45	19.80	20.75	0.58	20.93	20.30	20.35	0.62
MUFA	42.95	42.94	42.48	0.87	43.02	43.01	43.03	0.99

IMF: Grasa intramuscular, SFA: Ácidos grasos saturados, MUFA: Ácidos grasos monoinsaturados, PUFA: Ácidos grasos poliinsaturados

Tabla 4.13. Análisis de asociación entre el genotipo *SLC27A4* porcino y concentraciones de lípidos séricos en una población comercial de cerdos Duroc a los 45 y 190 días de edad.

Carácter (mg/dL)	CC	CT	*P*-Value
NIVELES SÉRICOS A 45 DÍAS DE EDAD			
COL	80.45	82.20	0.89
HDL	31.62	32.11	0.68
LDL	40.02	41.45	0.50
TG	43.90	43.08	0.76
NIVELES SÉRICOS A 190 DÍAS DE EDAD			
COL	125.93	122.98	0.46
HDL	51.68	52.17	0.75
LDL	63.93	61.36	0.41
TG	51.44	45.54	0.09

COL: Colesterol, HDL: Lipoproteínas de alta densidad, LDL: Lipoproteínas de baja densidad, TG: Triglicéridos.

Tabla 4.14. Análisis de asociación entre el genotipo *SLC27A4* porcino y caracteres relacionados con la composición de grasa en los músculos *longisimus dorsi* y *gluteus medius* en una población comercial Duroc.

Carácter (%)	Músculo *Longissimus dorsi*			Músculo *Gluteus medius*		
	AA	**CA**	***P*-value**	**AA**	**CA**	***P*-value**
IMF	3.84	3.76	0.71	5.16	4.84	0.27
Palmítico	23.39	23.04	0.07	23.23	22.96	0.11
Esteárico	11.69	11.66	0.88	11.20	10.92	0.08
Oleico	34.46	34.83	0.60	35.04	34.17	0.17
Linoleico	14.59	14.50	0.88	15.01	15.85	0.12
SFA	36.98	36.56	0.18	**36.46**^{a}	**35.92**^{b}	**0.03**
PUFA	20.23	20.25	0.98	20.41	21.80	0.09
MUFA	42.78	43.18	0.60	43.11	42.27	0.22

IMF: Grasa intramuscular, SFA: Ácidos grasos saturados, MUFA: Ácidos grasos monoinsaturados, PUFA: Ácidos grasos poliinsaturados

4.5. Detección de copy number variation

Al considerar sólo aquellos CNVRs detectados como mínimo en dos animales e identificados por lo menos con dos programas, se encontraron un total de 59 CNV localizados en 14 de los 18 cromosomas autosómicos (Tabla 4.15) Dicha cifra es mayor que la obtenida por Fadista *et al.* (2008), Ramayo *et al.* 2010 y Silió *et al.* 2010, quienes reportan 37, 49 y 49 CNVRs detectados en cerdos respectivamente. Esto se explica por el mayor número de animales analizados en el presente trabajo. Al igual que Ramayo y colaboradores (2010) se encontró el mayor número de CNV en el cromosoma 1. Silió y colaboradores encontraron el mayor número de CNV en los cromosomas 11 y 13.

Tabla 4.15. CNV detectados por cromosomas.

Cromosoma	Número de CNV
1	12
2	4
3	1
4	6
5	2
6	3
7	5
8	5
9	3
11	2
12	3
14	11
15	1
16	1
Total	**59**

Un total de 18 CNV (30.51%) fueron detectados por los tres algoritmos (Tabla 4.16). El número de CNV detectados independientemente con 3 algoritmos en el presente trabajo es menor a los encontrados por Ramayo y colaboradores (2010) siguiendo el mismo criterio. Al comparar los tres algoritmos encontramos que el programa CNstream es el que identifica mayor número de CNVs en la población porcina, esto es debido a que este programa se basa en un algoritmo robusto en el que primero se analiza cada SNP individualmente (single-locus analysis) y luego se lleva a cabo un análisis por segmentos, cuya definición haría referencia a un conjunto de SNP situados consecutivamente en una determinada región cromosómica. Ello incrementa la sensibilidad y la exactitud de los resultados (Alonso *et al.* 2010). Con el programa CNV Partition, pudimos observar algunos CNV (p.e. encontramos un CNV de 23,310.71 Kb en el cromosoma 14), los cuales fueron descartados para su análisis posterior, debido a que abarcaban tamaños muy grandes.

El tamaño de los 59 CNVRs detectados osciló desde 255.15 Kb hasta 41,83 Mb. La utilización del *Porcine SNP60 BeadChip* como plataforma para la detección de CNVs permite aprovechar la información generada en proyectos de genotipado de SNPs. Sin embargo, presenta algunas limitaciones como son la baja densidad de marcadores, la distribución no uniforme de los SNPs a lo largo del genoma porcino y la ausencia de marcadores específicamente diseñados para la detección de CNVs (Ramayo *et al.* 2010). La detección de CNV de este trabajo esta sesgada probablemente hacía los de mayor tamaño. Esta limitación explica las diferencias encontradas en la longitud mínima de los CNV entre nuestro trabajo (255.15 Kb) y el estudio realizado con la técnica CGH por Fadista y colaboradores (2008) quienes reportaron un tamaño de 9,3 Kb.

Tabla 4.16. Descripción de los 59 CNV detectados en una población porcina Duroc.

CNVR	SSC	Final	Inicio	Tamaño (kb)	Nº animales	Status	Programas
1	1	187591850	177221867	10369.983	38	P-G	Penn-Partition-Stream
2	1	51642367	47666132	3976.235	81	P-G	Penn-Partition-Stream
3	2	5717406	5011629	705.777	23	P-G	Penn-Partition-Stream
4	2	41466383	40477275	989.108	111	P-G	Penn-Partition-Stream
5	4	35087163	24351375	10735.788	225	P-G	Penn-Partition-Stream
6	5	44596385	35733150	8863.235	62	P-G	Penn-Partition-Stream
7	7	80928451	66005158	14923.293	33	P-G	Penn-Partition-Stream
8	8	82669979	80904598	1765.381	9	P-G	Penn-Partition-Stream
9	8	92491743	91894224	597.519	17	P-G	Penn-Partition-Stream
10	11	43687195	31336107	12351.088	64	P-G	Penn-Partition-Stream
11	12	48617700	47056685	1561.015	8	P-G	Penn-Partition-Stream
12	14	63882223	40571511	23310.712	250	P-G	Penn-Partition-Stream
13	14	73956507	71193204	2763.303	9	P-G	Penn-Partition-Stream
14	14	111687490	111205890	481.600	88	P-G	Penn-Partition-Stream
15	14	131781519	131123919	657.600	9	P-G	Penn-Partition-Stream
16	9	105510362	63682688	41827.674	129	P-G	Penn-Partition-Stream
17	14	103056203	96864970	6191.233	75	P-G	Penn-Partition-Stream
18	15	119328023	115832850	3495.173	47	P-G	Penn-Partition-Stream
19	1	25188087	24035039	1153.048	97	P-G	Penn-Stream
20	1	25923552	24126129	1797.423	52	P-G	Partition-Stream
21	1	65873816	61789674	4084.142	10	G	Penn-Partition
22	1	73664274	71538426	2125.848	5	G	Penn-Partition
23	1	96879651	96545969	333682	11	G	Penn-Stream
24	1	130085466	129640999	444467	4	P-G	Penn-Partition
25	1	161754759	160653704	1101055	14	G	Penn-Partition
26	1	182358612	181421827	936785	134	P-G	Penn-Stream
27	1	189107812	176099024	13008788	49	G	Partition-Stream
28	1	194655153	194111251	543902	7	G	Penn-Stream
29	2	41170591	40498125	672466	20	G	Penn-Stream
30	2	82465975	81766039	699936	6	P-G	Penn-Partition
31	3	98240328	93384387	4855941	32	P-G	Partition-Stream
32	4	27289756	23322364	3967392	101	P-G	Penn-Stream

33	4	51283046	50569393	713653	82	P-G	Penn-Partition
34	4	90712445	57335519	33376926	220	P-G	Partition-Stream
35	4	118624916	118170539	454377	10	P-G	Penn-Stream
36	4	136009415	121771134	14238281	106	P-G	Partition-Stream
37	5	41801630	34764749	7036881	25	P-G	Partition-Stream
38	6	45277775	32193407	13084368	18	P-G	Penn-Partition
39	6	59275609	55728815	3546794	16	P-G	Partition-Stream
40	6	108713299	108421593	291706	9	P-G	Penn-Stream
41	7	59166449	35635807	23530642	292	P-G	Penn-Stream
42	7	37460616	37071962	388654	24	P-G	Partition-Stream
43	7	78852845	75944536	2908309	6	P-G	Penn-Partition
44	7	80466516	72149481	8317035	7	P-G	Partition-Stream
45	8	77139865	72831206	4308659	14	P-G	Partition-Stream
46	8	104854971	98184299	6670672	33	P-G	Partition-Stream
47	8	91988193	91777847	210346	4	P-G	Penn-Partition
48	9	105819887	103279585	2540302	6	P-G	Penn-Partition
49	9	127806956	118904470	8902486	59	P-G	Partition-Stream
50	11	57491574	51754667	5736907	310	P-G	Partition-Stream
51	12	43804564	42911312	893252	52	P-G	Penn-Stream
52	12	16512537	16034402	478135	16	P-G	Penn-Stream
53	14	11321316	11066170	255146	7	P-G	Penn-Stream
54	14	51060226	50077119	983107	9	P-G	Penn-Partition
55	14	52869599	49776269	3093330	69	P-G	Partition-Stream
56	14	75787145	65926546	9860599	36	P-G	Partition-Stream
57	14	103127899	96749490	6378409	207	P-G	Partition-Stream
58	14	111687490	111363926	323564	42	P-G	Penn -Stream
59	16	67919207	60611062	7308145	52	P-G	Partition-Stream

P: Pérdida, G: Ganancia

4.6. Genes anotados dentro de los CNVRs

La anotación de los genes se realizó con el programa Biomart, los resultados se muestran en la Tabla 4.17. Siete CNV no contenían genes, por lo que no se les incluyó en la tabla. La ausencia de genes en estas regiones puede ser parcialmente explicada por la incompleta anotación de la versión del genoma porcino actualmente disponible (Sscrofa10.2). Técnicas como la PCR cuantitativa en tiempo real serán usadas para determinar falsos positivos.

Tabla 4.17. Genes anotados mediante el programa Biomart.

CNV	Biotipo génico
1	28 GCP, 2 snRNA, 1 miRNA
2	69 GCP, 1 Pseudogen, 5 miRNA, 3 miscRNA, 8 snoRNA, 5 snRNA
3	41GCP
4	1 snRNA
5	28 GCP, 4 miRNA, 4 snRNA, 1 rRNA, 1 snoRNA, 3 miscRNA
6	46 GCP, 3 miRNA, 3 snRNA, 1 snoRNA
7	94 GCP, 2 miRNA, 12 snRNA, 1 rRNA, 1 snoRNA, 1 miscRNA
8	11 GCP,2 snoRNA, 2 snRNA
9	5GCP
10	9 GCP, 2 Pseudogenes, 1 snoRNA, 2 snRNA
11	23 GCP, 3 miRN, 2 snoRNA, 1 snRNA, 1 rRNA
12	289 GCP, 5 Pseudogenes, 5 miRNA, 1miscRNA, 9 snoRNA, 8 snRNA, 2 rRNA
13	7 GCP, 1 miRNA
14	38 GCP, 3 Pseudogenes, 1 snRNA, 2 miRNA
15	2 GCP
16	234GCP, 2 Pseudogenes, 10 miRNA, 2 miscRNA, 6 snoRNA, 18 snRNA, 1 rRNA
17	39GCP, 3 Pseudogenes, 1 snRNA, 2 miRNA
18	36 GCP, 3 snoRNA
19	6 GCP, 1 snRNA
20	9 GCP
21	34 GCP, 1 miRNA, 3 snRNA
22	10 GCP, 2 miscRNA, 1 miRNA, 1 snRNA
23	2 GCP
24	1 GCP
25	6 GCP, 1 miRNA
26	11 GCP, 1 miRNA, 7snoRNA, 1snRNA
27	87 GCP, 1 Pseudogen, 3 miRNA, 1 miscRNA, 3 snoRNA, 2 snRNA
28	1 GCP
29	1 snRNA
30	18 GCP, 1 snRNA
31	4 GCP, 1 Pseudogen, 4 snoRNA

32	289 GCP, 1 miRNA, 1 miscRNA, 1 snoRNA, 1 snRNA
33	3 GCP
34	147 GCP, 1 Pseudogen, 4 miRNA, 2 miscRNA, 2 snoRNA, 9 snRNA, 2 rRNA
35	1 GCP
36	67 GCP, 1 Pseudogen, 4 miRNA, 1 miscRNA, 1 snoRNA, 4 snRNA
37	37 GCP, 1 miRNA, 2 snoRNA, 1 snRNA
38	225 GCP, 1 Pseudogen, 2 miRNA, 1 miscRNA, 1 snoRNA, 9 snRNA
39	90 GCP, 2 Pseudogenes, 3 miRNA, 1 miscRNA, 2 snoRNA, 1 snRNA
40	4 GCP, 1snRNA
41	8 GCP
42	263 GCP, 2 Pseudogenes, 5 miRNA, 2 snoRNA, 3 snRNA, 1 rRNA
43	4 GCP, 1snRNA, 1rRNA
44	55 GCP, 1 miRNA, 1 miscRNA, 1 snoRNA, 3 snRNA, 1rRNA
45	44 GCP, 1 miRNA, 2 miscRNA, 3 snoRNA, 3 snRNA, 1 rRNA
46	1 GCP
47	15 GCP, 1snRNA
48	3 GCP, 2snRNA
49	62 GCP, 3 Pseudogenes, 2 miscRNA, 4 snoRNA, 1 snRNA
50	17 GCP, 1 miscRNA, 2miRNA, 5 snRNA
51	2 GCP, 1miRNA
52	3 GCP
53	1 GCP
54	26 GCP, 1 miRNA, 1snoRNA
55	57 GCP, 1 miRNA, 1snoRNA, 1 snRNA
56	31 GCP, 1 Pseudogen, 3 miRNA, 3snoRNA, 4 snRNA
57	41 GCP, 3 Pseudogenes, 2 miRNA, 1 snRNA
58	2 GCP
59	12 GCP, 1 snoRNA, 3 snRNA, 1 rRNA

GCP: Gen que codifica una proteína, miRNA: microRNA, snoRNA: pequeño RNA nucleolar, rRNA: RNA ribosomal.

5. CONCLUSIONES

1. Se ha identificado cuatro polimorfismos nucleotídicos sinónimos c.507C>T, c.762C>T, c.771A>G y c.1101A>G en la región codificante del gen *LRP12*. Los polimorfismos c.771A>G y c.1101A>G fueron genotipados en una población comercial Duroc para la cual se dispone de registros fenotípicos para distintos caracteres productivos. El polimorfismo c.1101A>G presentó una asociación significativa con el porcentaje de ácidos grasos saturados del músculo *gluteus medius* (P = 0.0006), No se observó ninguna asociación con la concentración de triglicéridos a 190 días a pesar de que el gen *LRP12* está localizado en el intervalo de confianza de un QTL del cromosoma 4 para dicho carácter, lo cual indica que el genotipo *LRP12* no explica la segregación del mismo.

2. El análisis de la variabilidad del gen *TRIB1* permitió identificar un polimorfismo indel en la región 3' UTR (c*156_157del). Dicho polimorfismo presentó asociaciones significativas con el porcentaje de ácidos grasos saturados (P= 0.0003) y ácido esteárico (P= 0.0005) en el músculo *gluteus medius*. No se observó ninguna asociación con la concentración de triglicéridos a 190 días a pesar de que el gen *TRIB1* está localizado en el intervalo de confianza de un QTL del cromosoma 4 para dicho carácter, lo cual indica que el genotipo *TRIB1* no explica la segregación del mismo.

3. Se ha identificado un polimorfismo c.*1512G>T en la región 3' UTR del gen ADIPOQ, el cual está localizado en el intervalo de confianza de un QTL del cromosoma 13 para la concentración de LDL a 190 días. Al realizar un análisis de asociación, se observó la existencia de asociaciones significativas con la concentración de triglicéridos a 45 días (P = 0.0018), así como con la concentración de LDL a 190 días (P = 0.0027). Esta última asociación siguió siendo significativa cuando se empleó un modelo estadístico en el que se incorporaba el efecto del QTL del cromosoma 13 porcino anteriormente mencionado.

4. Se ha secuenciado 2.6 kb del gen *SLC27A1*, 2.2 kb del gen *SLC27A2* y 1.8 kb del gen *SLC27A4*. Mediante esta aproximación, se detectó dos polimorfismos sinónimos c. 441C>T, c.747A>G y 1 SNP c.*400C>T en la región 3'UTR del gen *SLC27A1*. y dos polimorfismos sinónimos c.243T>G y c.837C>T en el gen *SLC27A4*. No se identificó ningún polimorfismo para el gen *SLC27A2*. Asimismo,

no se halló ninguna asociación significativa entre los genotipos *SLC27A1* y *SLC27A4* y los diversos caracteres lipídicos medidos en la población experimental Duroc.

5. La caracterización genética de la población Duroc con la herramienta *Porcine SNP60 BeadChip* ha evidenciado la existencia de un notable grado de variación cromosómica estructural del tipo *copy number variation* (CNV).

6. BIBLIOGRAFÍA

Ajiello R. J., Nevin D. N., Ebert D. L. Uelmen P. J., Kaiser M. E., MacCluer J. W., Blangero J., Dyer, T.D., Attie, A. D. 1994. Apolipoprotein B and a second major gene locus contribute to phenotypic variation of spontaneous hypercholesterolemia in pigs. Arterioscler Thromb. 14: 409-419.

Árnyasi M., Grindflek E., Jávor A., Lien S. 2006. Investigation of two candidate genes for meat quality traits in a quantitative trait locus region on SSC6: the porcine short heterodimer partner and heart fatty acid binding protein genes. J Anim Breed Genet. 123: 198-203.

Alonso A., Julia A., Tortosa R., Canaleta C., Canete J. D., Ballina J., Balsa A., Tornero J., Marsal S. 2010. CNstream: A method for the identification and genotyping of copy number polymorphisms using Illumina microarrays. BMC Bioinformatics. 11: 264.

Asano T., Watanabe K., Kubota N., Gunji T., Omata M., Kadowaki T., Ohnishi S. 2009. Adiponectin knockout mice on high fat diet develop fibrosing steatohepatitis. J Gastroenterol Hepatol. 24: 1669-1676.

Bae J. S., Cheong H. S., Kim L. H., Namgung S., Park T. J., Chun J. Y., Kim J. Y., Pasaje C. F., Lee J. S., Shin H. D. 2010. Identification of copy number variations and common deletion polymorphisms in cattle. BMC Genomics. 11: 232.

Battle M. A., Maher V. M., McCormick J. J. 2003. ST7 is a novel low-density lipoprotein receptor-related protein (LRP) with a cytoplasmic tail that interacts with proteins related to signal transduction pathways. Biochemistry 42: 7270-7282.

Bickhart D. M., Hou Y., Schroeder S. G., Alkan C, Cardone M. F., Matukumalli L. K., Song J., Schnabel R. D., Ventura M., Taylor J. F., Garcia J. F., Van Tassell C. P., Sonstegard T. S., Eichler E. E., Liu G. E. Copy number variation of individual cattle genomes using next-generation sequencing. Genome Res. 22: 778-90.

Biggerstaff K. D., Wooten J.S. 2004. Understanding lipoproteins as transporters of cholesterol and other lipids. Adv Physiol Educ. 28: 105-106.

Bork, P., Beckmann, G. 1993. The CUB domain. A widespread module in developmentally regulated proteins. J Mol Biol. 231, 539-545.

Brewer M. S., Zhu L. G., McKeith F. K. 2001. Marbling effects on quality characteristics of pork loin chops: consumer purchase intent, visual and sensory characteristics. Meat Sci. 59: 153-163.

Burkhardt R., Toh S. A., Lagor W. R., Birkeland A., Levin M., Li X., Robblee M., Fedorov V. D., Yamamoto M., Satoh T., Akira S., Kathiresan S., Breslow J. L., Rader D. J. 2010. Trib1 is a lipid- and myocardial infarction-associated gene that regulates hepatic lipogenesis and VLDL production in mice. J Clin Invest. 120: 4410-4414.

Cameron N. D. 1990. Genetic and phenotypic parameters for carcass traits, meat and eating quality traits in pigs. Livest Prod Sci. 26:119-135.

Cánovas E., Quintanilla R., Badaoui B., Porredón C., Gallardo D., Pena R. N., Diaz I., Amills M. 2009. Pig HDL-binding protein (*HDLBP*) genotype is associated with intramuscular fat percentage. Livest Sci. 126: 298-301

Casellas J., Noguera J. L., Reixach J., Díaz I., Amills M., Quintanilla R. 2010. Bayes factor analyses of heritability for serum and muscle lipid traits in Duroc pigs. J Anim Sci. 88: 2246-54.

Casellas J., Vidal O., Pena R. N., Gallardo D., Manunza A., Quintanilla R., Amills M. 2012. Genetics of serum and muscle lipids in pigs. (Enviado a Current Genomics).

Cepica S., Masopust M., Knoll A., Rohrer G. A. 2005. Linkage and RH mapping of the porcine adiponectin gene on chromosome 13. Anim Genet. 36: 276-277.

Chan D. C., Watts G. F., Ng T. W., Uchida Y., Sakai N., Yamashita S., Barrett P. H. 2005. Adiponectin and other adipocytokines as predictors of markers of triglyceride-rich lipoprotein metabolism. Clin Chem. 51: 578-85.

Chapman M. J., Forgez P.1985. Lipid transport systems: some recent aspect in swine, cattle and trout during development. Reprod Nutr Dev. 25: 217-226.

Charlton-Menys V., Durrington PN. 2008. Human cholesterol metabolism and therapeutic molecules. Exp Physiol. 93: 27-42.

Chen K., Baxter T., Muir W. M., Groenen M. A., Schook L. B. 2007. Genetic resources, genome mapping and evolutionary genomics of the pig (Sus scrofa). Int J Biol Sci. 3: 153-165

Chen R., Ren J., Li W., Huang X., Yan X., Yang B., Zhao Y., Guo Y., Mao H., Huang L. 2009. A genome-wide scan for quantitative trait loci affecting serum glucose and lipids in a White Duroc x Erhualian intercross F_2 population. Mamm Genome. 20: 386-392.

Chiu H. C., Kovacs A., Blanton R. M., Han X., Courtois M., Weinheimer C. J., Yamada K. A., Brunet S., Xu H., Nerbonne J. M., Welch M. J., Fettig N. M., Sharp T.L., Sambandam N., Olson K. M., Ory D. S., Schaffer J. E. 2005. Transgenic expression of fatty acid transport protein 1 in the heart causes lipotoxic cardiomyopathy. Circ Res. 96: 225-233.

Ciobanu D.C., Lonergan S. M., Huff-Lonergan E. J. 2011. Genetic of the pig. Edited by Max F. Rothschild and Anatoly Rubinsky. CABI publishing group. UK.

Clop A., Ovilo C., Pérez-Enciso M., Cercos A., Tomas A., Fernández A., Coll A., Folch J. M., Barragan C., Díaz I., Oliver M. A., Varona L., Silió L., Sánchez A., Noguera J. L. 2003. Detection of QTL affecting fatty acid composition in the pig. Mamm Genome. 14: 650-656.

Clop A., Vidal O., Amills M. 2012. Copy number variation in the genomes of domestic animals. Anim Genet. 6.

Coma J., Piquer J. 1999. Calidad de carne en porcino: Efecto de la nutrición. XV Curso de especialización. Avances en nutrición y alimentación animal.

Conrad D. F., Bird C., Blackburne B., Lindsay S., Mamanova L., Lee C., Turner D. J., Hurles M. E. 2010. Mutation spectrum revealed by breakpoint sequencing of human germline CNVs. Nat Genet. 42: 385-391.

Corpet F.1988. Multiple sequence alignment with hierarchical clustering, Nucl Acid Res. 16: 10881-10890.

Comuzzie A. G., Funahashi T., Sonnenberg G., Martin L. J., Jacob H. J., Black A. E., Maas D., Takahashi M., Kihara S., Tanaka S., Matsuzawa Y., Blangero J., Cohen D., Kissebah A. 2001. The genetic basis of plasma variation in adiponectin, a global endophenotype for obesity and the metabolic syndrome. J Clin Endocrinol Metab. 86: 4321-4325.

Cunningham J. G., Bradley G. K. 2009. Fisiología veterinaria. Cuarta edición. Editorial Elsvier.

Dai M. H., Xia T., Zhang G. D., Chen X. D., Gan L., Feng S. Q., Qiu H., Peng Y., Yang Z. Q. 2006. Cloning, expression and chromosome localization of porcine adiponectin and adiponectin receptors genes.Domest Anim Endocrinol. 30: 117-125.

Daly N. L., Scanlon M. J., Djordjevic J. T., Kroon P. A., Smith R. 1995. Three-dimensional structure of a cysteine-rich repeat from the low-density lipoprotein receptor. Proc Natl Acad Sci USA. 92: 6334-6338.

Dall'Olio S., Davoli R., Buttazzoni L., Zambonelli P., Russo V. 2009. Study of porcine adiponectin (ADIPOQ) gene and association of a missense mutation with EBVs for production and carcass traits in Italian Duroc heavy pigs. Livest Sci. 125: 101-104.

Danniele A., Cammarata R., Masullo M., Nerone G., Finamore F., D'Andrea M., Pilla F., Oriani J. 2008. Analysis of adiponectin gene and comparison of its expression in two Different pig breeds. Obesity 16: 1869-1874.

Darvasi A., Soller M. 1997. A simple method to calculate resolving power and confidence interval of QTL map location. Behav. Genet. 27: 125-132.

De Cid R., Ribeira-Muñoz E., Zeeuwen P. L., Robarge J., Liao W., Dannhauser E. N., Giardina E., Stuart P. E., Nair R., Helms C., Escaramís G., Ballana E., Martín-Ezquerra G., den Heijer M., Kamsteeg M., Joosten I., Eichler E. E., Lázaro C., Pujol R. M., Armengol L., Abecasis G., Elder J. T., Novelli G. , Armour J. A., Kwok P. Y., Bowcock A., Schalkwijk J., Estivill X. 2009. Deletion of the late cornified envelope *LCE3B* and *LCE3C* genes as a susceptibility factor of psoriasis. Nat Genet. 41: 211-215.

Dolley G., Lamarche B., Després J. P., Bouchard C., Pérusse L., Vohl M. C. 2011. Investigation of *LRP8* gene in 1p31 QTL linked to LDL peak particle diameter in the Quebec family study. Mol Genet Metab. 102: 448-452.

Duthie C., Simm G., Doeschl-Wilson A., Kalm E., Knap P. W., Roehe R. 2008. Quantitative trait loci for chemical body composition traits in pigs and their positional associations with body tissues, growth and feed intake. Anim Genet. 39: 130-140.

Estellé J., Fernández A. I., Perez-Enciso M., Fernández A., Rodríguez C., Sánchez A., Noguera J. L., Folch J. M. 2009. A non-synonymus mutation in a conserved site of the *MTTP* gene is strongly associated with protein activity and fatty acid profile in pigs. Anim Genet. 40: 813-820.

Evans G. J., Giuffra E., Sanchez A., Kerje S., Davalos G., Vidal O., Illán S., Noguera J. L., Varona L., Velander I., Southwood O. I., de Koning D. J., Haley C. S., Plastow G. S., Andersson L.2003. Identification of quantitative trait loci for production traits in commercial pig populations. Genetics 164: 621-627.

Fadista J., Nygaard M., Holm L. E., Thomsen B., Bendixen C. 2008. A snapshot of CNVs in the pig genome. PLoS One. 3: e3916.

Fadista J., Thomsen B., Holm L. E., Bendixen C. 2010. Copy number variation in the bovine genome. BMC Genomics. 11: 284.

Falcon A., Doege H., Fluitt A., Tsang B., Watson N., Kay M. A., Stahl A. 2010. FATP2 is a hepatic fatty acid transporter and peroxisomal very long-chain acyl-CoA synthetase. Am J Physiol Endocrinol Metab. 299: 384-393.

Falconer D. S., MacKay T. F. C. 1996. Introduction to quantitative genetics. 4rth edition. Ed. Harlow Longman.

Fan B., Du Z. Q., Rothschild M. F. 2009. The fat mass and obesity-associated (*FTO*) gene is associated with intramuscular fat content and growth rate in the pig. Anim Biotechnol. 20: 58-70.

Fernández-Llario O., Carranza J., Mateos-Quesada P. 1999. Sex allocation in a polygynous mammal with large litters: the wild boar. Anim Behav. 58: 1079-1084.

Fernández A., de Pedro E., Núñez N., Silió L., García-Casco J., Rodríguez C. 2003. Genetic parameters for meat and fat quality and carcass composition traits in Iberian pigs. Meat Sci. 64: 405-410.

Feuk L., Marshall C. R., Wintle R. F., Scherer S. W. 2006. Structural variants: changing the landscape of chromosomes and design of disease studies. Hum Mol Genet. 15: 57-66.

Finn R. D., Mistry J., Tate J., Coggill P., Heger A., Pollington J. E., Gavin O. L., Gunasekaran P., Ceric G., Forslund K., Holm L., Sonnhammer E. L., Eddy S. R., Bateman A. 2010. The Pfam protein families database. Nucleic Acids Res. 38: 211-222.

Flower D. R., North A. C. T., Sansom C. E. 2000. The lipocalin protein family: structural and sequence overview. Biochim Biophys Acta. 1482: 9-24.

Fontanesi L., Martelli P. L., Beretti F., Riggio V., Dall'Ollio S., Colombo M., Casadio R., Russo V., Portolano B. 2010. An initial comparative map of copy number variations in the goat (Capra hircus) genome. BMC Genomics. 11: 369.

Fontanesi L., Beretti F., Martelli P. L., Colombo M., Dall'Ollio S., Occdidente M., Portolano B., Casadio R., Matassino D., Russo V. 2011. A first comparative map of copy number variation in the sheep genome. Genomics 97: 158-165.

Fontanesi L., Dall'Ollio S.,Beretti F., Portolano B., Russo V. 2011. Goat colours in the Massesesheep breed are associatedwith mutations in the agouti signalling protein (ASIP) and melanocortin 1 receptor (MC1R) genes. Animal 5: 8-17.

Fornaguera J. y Gómez G. 2004. Bioquímica: la ciencia de la vida. San José. EUNED.

Frayn N. 1998. Metabolismo de las lipoproteínas. Regulación del metabolismo (una perspectiva humana). Ediciones Omega.

Fruebis J., Tsao T. S., Javorschi S., Ebbets-Reed D., Erickson M.R., Yen F. T., Bihain B. E., Lodish H. F. 2001. Proteolytic cleavage product of 30-kDa adipocyte complement-related protein increases fatty acid oxidation in muscle and causes weight loss in mice. Proc Natl Acad Sci USA 98: 2005-2010.

Gable D. R., Hurel S. J., Humphries S. E. 2006. Adiponectin and its gene variants as risk factors for insulin resistance, the metabolic syndrome and cardiovascular disease. Atherosclerosis 188: 231-244.

Gallardo D., Pena R. N., Amills M., Varona L., Ramírez O., Reixach J., Díaz, I., Tibau J., Soler J., Prat-Cuffi J. M., Noguera J. L., Quintanilla, R. 2008. Mapping of quantitative trait loci for cholesterol, LDL, HDL and triglyceride serum concentrations in pigs. Physiol. Genomics. 35: 199-209.

Gallardo D., Quintanilla R., Varona L., Díaz I., Ramírez O., Pena R. N., Amills M. 2009. Polymorphism of the pig acetyl-coenzyme A carboxylase α gene is associated with fatty acid composition in a Duroc commercial line. Anim Genet. 40: 410-417.

Ganong W. F. 2006. Fisiología médica, 20ª edición. Editorial Manual Moderno.

Glatz J. F., Luiken J. J., Bonen A. 2010. Membrane fatty acid transporters as regulators of lipid metabolism: implications for metabolicdisease. Physiol Rev. 90: 367-417.

Georges M., Nielsen D., Mackinnon M., Mishra A., Okimoto R., Pasquino A. T., Sargeant L. S., Sorensen A., Steele M. R., Zhao X., Womack J. E., Hoeschele I. 1995. Mapping quantitative trait loci controlling milk production in dairy cattle by exploiting progeny testing. Genetics 139: 907-920.

Georges M. 2007. Mapping, fine mapping and molecular dissection of quantitative trait loci in domestic animals. Annu Rev Genomics Hum Genet. 8: 131-162.

Gerbens F., van Erp A. J., Harders F. L., Verburg F. J., Meuwissen T. H., Veerkamp J. H., te Pas M. F. 1999. Effect of genetics variants of the heart fatty acid-binding protein gene on intramuscular fat and performance traits in pigs. J Anim Sci. 79: 346-352.

Gillingham L. G., Harris-Janz S., Jones P. J. 2011. Dietary monounsaturated fatty acids are protective against metabolic syndrome and cardiovascular disease risk factors. Lipids 46 : 209-228.

Gimeno R. E., Hirsch D. J., Punreddy S., Sun Y., Ortegon A. M., Wu H., Daniels T., Stricker-Krongrad A., Lodish H. F., Stahl A. 2003. Targeted deletion of fatty acid transport protein-4 results in early embryonic lethality. J Biol Chem. 278: 49512-49516.

Giuffra E., Evans G., Törnsten A., Wales R., Day A., Looft H., Plastow G., Andersson L. 1999. The Belt mutation in pigs is an allele at the Dominant white (I/KIT) locus. Mamm Genome. 10: 1132-1136.

Giuffra E., Törnsten A., Marklund S., Bongcam-Rudloff E., Chardon P., Kijas J. M., Anderson S. I., Archibald A. L., Andersson L. 2002. A large duplication associated with dominant white color in pigs originated by homologous recombination between LINE elements flanking KIT. Mamm Genome. 13: 569-77.

Glessner J. T., Bradfield J. P., Wang K., Takahashi N., Zhang H., Sleiman P. M., Mentch F. D., Kim C. E., Hou C., Thomas K. A., Garris M. L., Deliard S., Frackelton E. C., Otieno F. G., Zhao J., Chiavacci R. M., Li M., Buxbaum J. D., Berkowitz R. I., Hakonarson H., Grant S. F. 2010. A genome-wide study reveals copy number variants exclusive to childhood obesity cases. Am J Hum Genet. 87: 661-666.

Grindflek E., Szyda J., Liu Z., Lien S. 2001. Detection of quantitative trait loci for meat quality in a commercial slaughter pig cross. Mamm Genome. 12: 299-304.

Guo Y. F., Xiong D. H., Shen H., Zhao L. J., Xiao P., Guo Y., Wang W., Yang T. L., Recker R. R., Deng H. W. 2006. Polymorphisms of the low-density lipoprotein receptor-related protein 5 (*LRP5*) gene are associated with obesity phenotypes in a large family-based association study. J Med Genet. 43: 798-803.

Guo T., Ren J., Yang K., Ma J., Zhang Z., Huang L. 2009. Quantitative trait loci for fatty acid composition in longissimus dorsi and abdominal fat: results from a White Duroc x Erhualian intercross F2 population. Anim Genet. 40: 185-191.

Haley C. S., Knott S. A. 1992. A simple regression method for mapping quantitative trait loci in line crosses using flanking markers. Heredity. 69: 315-324.

Haley C. S., Visscher P. M. 1998. Strategies to utilize marker-quantitative trait loci associations. J Dairy Sci. 2: 85-97.

Hasler-Rapacz J., Prescott M. F., Von Linden-Reed J., Rapacz J. M. Jr., Hu Z., Rapacz J. 1995. Elevated concentrations of plasma lipids and apolipoproteins B, C-III, and E are associated with the progression of coronary artery disease in familial hypercholesterolemic swine. Arterioscler Thromb Vasc Biol. 15: 583-92.

Hasler-Rapacz J., Ellegren H., Fridolfsson A. K., Kirkpatrick B., Kirk S., Andersson L., Rapacz J. 1998. Identification of a mutation in the low density lipoprotein receptor gene associated with recessive familial hypercholesterolemia in swine. Am J Med Genet. 76: 379-386.

He X. P., Xu X. W., Zhao S. H., Fan B., Yu M., Zhu M. J., Li C. C., Peng Z. Z., Liu B. 2009. Investigation of Lpin1 as a candidate gene for fat deposition in pigs. Mol Biol Rep. 36: 1175-1180.

Hegedus Z., Czibula A., Kiss-Toth. 2006. Tribbles: A family of kinase-like proteins with potent signalling regulator function. Cell Signal. 19: 238-250.

Hofmann S. M., Zhou L., Perez-Tilve D., Greer T., Grant E., Wancata L., Thomas A., Pfluger P. T., Basford J. E., Gilham D., Herz J., Tschöp M. H., Hui D. Y. 2007. Adipocyte LDL receptor-related protein-1 expression modulates postprandial lipid transport and glucose homeostasis in mice. J Clin Invest. 117: 3271-3282.

Hou Y., Liu G. E., Bickhart D. M., Cardone M. F., Wang K., Kim E. S., Matukumalli L. K., Ventura M., Song J. 2011. Genomic characteristics of cattle copy number variations. BMC Genomics. 12: 127.

Humphray S. J., Scott C. E., Clark R., Marron B., Bender C., Camm N., Davis J., Jenks A., Noon A., Patel M., Sehra H., Yang F., Rogatcheva M. B., Milan D., Chardon P., Rohrer G., Nonneman D., de Jong P., Meyers S. N., Archibald A., Beever J. E., Schook L. B., Rogers J. 2007. A high utility integrated map of the pig genome. Genome Biol. 8: 139.

Ibeagha-Awemu E. M., Kgwatalala P., Zhao X. 2008. A critical analysis of production-asociated DNA polimorphisms in the genes of catlle, goat, sheep, and pigs. Mamm Genome. 19: 591-617.

Iafrate A. J., Feuk L., Rivera M. N., Listewnik M. L., Donahoe P. K., Qi Y., Scherer S. W., Lee C. 2004. Detection of large-scale variation in the human genome. Nat Genet. 36: 949-951.

Jeong J., Kwon E. G., Im S. K., Seo K. S., Baik M. 2012. Expression of fat deposition and fat removal genes is associated with intramuscular fat content in longissimus dorsi muscle of Korean cattle steers. J Anim Sci. 90: 2044-2053.

Jia Z., Pei Z., Maiguel D., Toomer C. J., Watkins P. A. 2007. The fatty acid transport protein (FATP) family: very long chain acyl-CoA synthetases or solute carriers? J Mol Neurosci. 33: 25-31.

Jiménez M. G. 2007. Características de la canal y calidad de la carne, composición mineral y lipídica del cerdo Chato Murciano y su cruce con Ibérico. Efecto del sistema de manejo. Universidad de Murcia. Departamento de Tecnología de los Alimentos, Nutrición y Bromatología. Tesis Doctoral.

Jin T. 2008. The WNT signalling pathway and diabetes mellitus. Diabetologia 51: 1771-1780.

Kantartzis K., Rittig K., Balletshofer B., Machann J., Schick F., Porubska K., Fritsche A., Häring H. U., Stefan N. 2006. The relationships of plasma adiponectin with a favorable lipid profile, decreased inflammation, and less ectopic fat accumulation depend on adiposity. Clin Chem. 52: 1934-1942.

Karki S., Chakrabarti P., Huang G., Wang H., Farmer S. R., Kandror K. V. 2011. The multi-level action of fatty acids on adiponectin production by fat cells. PLoS One. 6: e28146.

Karmelić I., Lovrić J., Božina T., Ljubić H., Vogrinc Z., Božina N., Sertić J. 2012. Adiponectin level and gene variability are obesity and metabolic syndrome markers in a young population. Arch Med Res. 43 : 145-153.

Kathiresan S., Melander O., Guiducci C., Surti A., Burtt N. P., Rieder M. J., Cooper G. M., Roos C., Voight B. F., Havulinna A. S., Wahlstrand B., Hedner T., Corella D., Tai E. S., Ordovas J. M., Berglund G., Vartiainen E., Jousilahti P., Hedblad B., Taskinen M. R., Newton-Cheh C., Salomaa V., Peltonen L., Groop L., Altshuler D. M., Orho-

Melander M. 2008. Six new loci associated with blood low-density lipoprotein cholesterol, high-density lipoprotein cholesterol or triglycerides in humans. Nat Genet. 40: 189-197.

Kathiresan S., Rader D. J. 2009. Lipoprotein disorders, In: Genomic and personalized medicine, Vol.1. Ed HF Willard and GS Ginsburg. Durham, USA. 634-651.

Kazumi T., Kawaguchi A., Hirano T., Yoshino G. 2004. Serum adiponectin is associated with high-density lipoprotein cholesterol, triglycerides, and low-density lipoprotein particle size in young healthy men. Metabolism 53: 589-593.

Kiss-Toth E., Bagstaff S. M., Sung H. Y., Jozsa V., Dempsey C., Caunt J. C., Oxley K. M., Wyllie D. H., Polgar T., Harte M., O´Neill L. A., Qwarnstrom E. E., Dower S. A. 2004. Human tribbles, a protein family controlling mitogen-activated protein kinase cascades. J. Biol. Chem. 279: 42703-42708.

Kist W. B., Thomas T. R., Korner K. E., Laughlin M. H. 1999. Effects of aerobic training and gender on HDL-C and LDL-C subfractions in Yucatan miniature swine. J Exerc Phys. 2: 7-15.

Kleinjan D. A., van Heyningen V. 2005. Long-range control of gene expression: emerging mechanisms and disruption in disease. Am J Hum Genet. 76: 8-32.

Knott S. A. 2005. Regression-based quantitative trait loci mapping: robust, efficient and effective. Philos Trans R Soc Lond B Biol Sci. 360: 1435-1442.

Kuzmuk K. N., Schook L. B. 2011. Pigs as a model for Biomedical Science. In: The Genetics of the Pig. 2nd Edn. Eds M.F. Rothschild and A. Ruvinsky. 426-438.

Lara-Castro C., Luo N., Wallace P., Klein R. L., Garvey W. T. 2006. Adiponectin multimeric complexes and the metabolic syndrome trait cluster. Diabetes 55: 249-259.

Lander, E. S., Botstein, D. 1989. Mapping mendelian factors underlying quantitative traits using RFLP linkage maps. Genetics 121: 185-199.

Larson G., Dobney K., Albarella U., Fang M., Matisoo-Smith E., Robins J., Lowden S., Finlayson H., Brand T., Willerslev E., Rowley-Conwy P., Andersson L., Cooper A.

2005. Worldwide phylogeography of wild boar reveals multiple centers of pig domestication. Science 307: 1618-1621.

Lee S. H., Choi Y. M., Choe J. H., Kim J. M., Hong K. C., Park H. C., Kim B. C. 2010. Association between polymorphisms of the heart fatty acid binding protein gene and intramuscular fat content, fatty acid composition, and meat quality in Berkshire breed. Meat Sci. 86: 794-800.

Lillis A. P., Van Duyn L. B., Murphy-Ullrich J. E., Strickland D. K. 2008. LDL receptor-related protein 1: unique tissue-specific functions revealed by selective gene knockout studies. Physiol Rev. 88: 887-918.

Liu G. E., Van Tassell C. P., Sonstegard T. S., Li R. W., Alexander L. J., Keele J. W., Matukumalli L. K., Smith T. P., Gasbarre L. C. 2008. Detection of germline and somatic copy number variations in cattle. Dev Biol (Basel). 132: 231-237.

Liu G. E., Hou Y., Zhu B., Cardone M. F., Jiang L., Cellamare A., Mitra A., Alexander L. J., Coutinho L. L., Dell'Aquila M. E., Gasbarre L. C., Lacalandra G., Li R. W., Matukumalli L. K., Nonneman D., Regitano L. C., Smith T. P., Song J., Sonstegard T. S., Van Tassell C. P., Ventura M., Eichler E. E., McDaneld T. G., Keele J. W. 2010. Analysis of copy number variations among diverse cattle breeds. Genome Res. 20: 693-703.

Lunney J. K. 2007. Advances in swine biomedical model genomics. Int J Biol Sci. 3: 179-184.

Lupski J. R., Stankiewicz P. 2005. Genomic disorders: molecular mechanisms for rearrangements and conveyed phenotypes. PLoS Genet. 1: 49.

Ma J., Ren J., Guo Y., Duan Y., Ding N., Zhou L., Li L., Yan X., Yang K., Huang L., Song Y., Xie J., Milan D., Huang L. 2009. Genome-wide identification of quantitative trait loci for carcass composition and meat quality in a large-scale White Duroc x Chinese Erhualian resource population.. Anim Genet. 40: 637-647.

MacDonald B. T., Yokota C., Tamai K., Zeng X., He X. 2008. Wnt signal amplification via activity, cooperativity, and regulation of multiple intracellular PPPSP motifs in the Wnt co-receptor LRP6. J Biol Chem. 283: 16115-16123.

Mackowski M., Szymoniak K., Szydlowski M., Kamyczek M., Eckert R., Rozycki M., Switonski M. 2005 Missense mutations in exon 4 of the porcine LEPR gene encoding extracellular domain and their association with fatness traits. Anim Genet. 36: 135-137.

Makridakis N. M., Reichardt J. K. 2001. Multiplex automated primer extension analysis: simultaneous genotyping of several polymorphisms. Biotechniques. 31: 1374-1380.

Mani A., Radhakrishnan J., WangH., Mani A., Mani M. A., Nelson-Williams C., S. Carew K. S., Mane S., Najmabadi H., Wu D., Lifton R. P. 2007. *LRP6* Mutation in a Family with Early Coronary Disease and Metabolic Risk Factors. Science. 315: 1278-1282.

Masson O., Chavey C., Dray C., Meulle A., Daviaud D., Quilliot D., Muller C., Valet P., Liaudet-Coopman E. 2009. LRP1 receptor controls adipogenesis and is up-regulated in human and mouse obese adipose tissue. PLoS One. 4: 7422.

Marklund L., Nyström P. E., Stern S., Andersson-Eklund L., Andersson L. 1999. Confirmed quantitative trait loci for fatness and growth on pig chromosome 4. Heredity 82:134-141.

Matukumalli L. K., Lawley C. T., Schnabel R. D. Taylor J. F., Allan M. F., Heaton M. P., O'Connell J., Moore S. S., Smith T. P., Sonstegard T. S., Van Tassell C. P. 2009. Development and characterization of a high density SNP genotyping assay for cattle. PLoS ONE. 4: 5350.

May P., Woldt E., Matz R. L., Boucher P. 2007. The LDL receptor-related protein (LRP) family: an old family of proteins with new physiological functions. Ann. Med. 39: 219-28.

Meirhaeghe, A., Martin, G., Nemoto, M., Deeb, S., Cottel, D., Auwerx, J., Amouyel, P., Helbecque, N. 2000. Arterioscler. Thromb. Vasc. Biol. 20: 1330–1334.

Menzaghi C., Trischitta V., Doria A. 2007. Genetic influences of adiponectin on insulin resistance, type 2 diabetes, and cardiovascular disease. Diabetes 56: 1198-209.

Mercadé A., Estellé J., Noguera J. L., Folch J. M., Varona L., Silió L., Sanchez A., Pérez-Enciso M. 2005. On growth, fatness, and form: a further look at porcine chromosome 4 in an Iberian x Landrace cross. Mamm Genome 16: 374-382.

Milan D., Jeon T. T., Looft C., Amarger V., Robic A., Thelander M., Rogel-Gaillard C., Paul S., Iannuccelli N., Rask L., Ronne H., Lundstrom K., Reinsch N., Gellin J., Kalm E., Le Roy P., Chardon P., Andersson L. 2000. A mutation in PRKAG3 assoicated with excess glycogen content in pig skeletal muscle. Science 288: 1248-1251.

Mohrmann M., Roehe R., Knap P. W., Looft H., Plastow G. S., Kalm E. 2006. Quantitative trait loci associated with AutoFOM grading characteristics, carcass cuts and chemical body composition during growth of Sus scrofa. Anim Genet. 37: 435-443.

Muñoz G., Alves E., Fernández A., Ovilo C., Barragán C., Estellé J., Quintanilla R., Folch J. M., Silió L., Rodríguez M. C., Fernández A. I. 2007. QTL detection on porcine chromosome 12 for fatty-acid composition and association analyses of the fatty acid synthase, gastric inhibitory polypeptide and acetyl-coenzime A carboxylase alpha genes. Anim Genet. 38: 639-646.

Muñoz G., Alves E., Ramayo-Caldas Y., Casellas J., Rodríguez C., Folch J. M., Silió L., Fernández A. I. 2011. Recombination rates across porcine autosomes inferred from high-density linkage maps. Anim Genet.

Nakano Y., Tobe T., Choi-Miura N. H., Mazda T., Tomita T. Isolation and characterization of *GBP28*, a novel gelatin-binding protein purified from human plasma. J Biochem. 20: 803-812.

Nechtelberger D., Pires V., Söolknet J., Stur., Brem G., Mueller M., Mueller S. 2001. Intramuscular fat content and genetic variants at fatty acid-binding protein loci in Austrian pigs. J Anim Sci. 79: 2798-2804.

Nguyen D. Q., Webber C., Hehir-Kwa J., Pfundt R., Veltman J., Ponting C. P. 2008. Reduced purifying selection prevails over positive selection in human copy number variant evolution. Genome Research. 18: 1711-1723.

Nii M., Hayashi T., Tani F., Niki A., Mori N., Fujishima-Kanaya N., Komatsu M., Aikawa K., Awata T. and Mikawa S. 2006. Quantitative trait loci mapping for fatty acid composition traits in perirenal and back fat using a Japanese wild boar x Large White intercross. Anim Genet. 37: 342-347.

Ntawubizi M., Colman E., Janssens S., Raes K., Buys N., De Smet S. 2010. Genetic parameters for intramuscular fatty acid composition and metabolism in pigs. J Anim Sci. 88: 1286-1294.

Ouchi N., Kihara S., Funahashi T., Matsuzawa Y., Walsh K. 2003. Obesity, adiponectin and vascular inflammatory disease. Curr Opin Lipidol. 14: 561-6.

Óvilo C., Clop A., Noguera J. L., Oliver M. A., Barragán C., Rodriguez C., Silió L., Toro M. A., Coll A., Folch J. M., Sánchez A., Babot D., Varona L., Pérez-Enciso M. 2002. Quantitative trait locus mapping for meat quality traits in an Iberian x Landrace F2 pig population. J Anim Sci. 80: 2801-2808.

Óvilo C., Fernández A., Noguera J. L., Barragán C., Letón R., Rodríguez C., Mercadé A., Alves E., Folch J. M., Varona L., Toro M. 2005. Fine mapping of porcine chromosome 6 QTL and LEPR effects on body composition in multiple generations of an Iberian by Landrace intercross. Genet Res. 85: 57-67.

Pang A. W., MacDonald J. R., Pinto D., Wei J., Rafiq M. A., Conrad D. F., Park H., Hurles M. E., Lee C., Venter J. C., Kirkness E. F., Levy S., Feuk L., Scherer S. W. 2010. Towards acomprehensive structural variation map of an individual human genome. Genome Biol. 11: 52.

Park H., Kim J. I., Ju Y. S., Gokcumen O., Mills R. E., Kim S., Lee S., Suh D., Hong D., Kang H. P., Yoo Y. J., Shin J. Y., Kim H. J., Yavartanoo M., Chang Y. W., Ha J. S., Chong W.,Hwang G. R., Darvishi K., Kim H., Yang S. J., Yang K. S., Kim H., Hurles M. E., Scherer S. W., Carter N. P., Tyler-Smith C., Lee C., Seo J. S. 2010. Discovery of common Asian copy number variants using integrated high-resolution array CGH and massively parallel DNA sequencing. Nat Genet. 42: 400-405.

Pond W. G., Mersmann H. J., Young L. D. 1986. Heritability of plasma cholesterol and triglyceride concentrations in swine. Proc Soc Exp Biol Med. 182: 221-224.

Pond W. G., Mersmann H. J., Klein P. D., Ferlic L. L., Wong W. W., Hachey D. L., Schoknecht P. A., Zhang S. 1993. Body weight gain is correlated with serum cholesterol at 8 weeks of age in pigs selected for four generations for low or high serum cholesterol. J Anim Sci. 71: 2406-2411.

Pond W. G., Su D. R., Mersmann H. J. 1997. Divergent concentrations of plasma metabolites in swine selected for seven generations for high or low plasma total cholesterol. J Anim Sci. 75: 311-316.

Prestwich T. C., Macdougald O. A. 2007. Wnt/beta-catenin signaling in adipogenesis and metabolism. Curr Opin Cell Biol. 19: 612-617.

Qi L., Heredia J. E., Altarejos J. Y., Screaton R., Goebel N., Niessen S., Macleod I. X., Liew C. W., Kulkarni R. N., Bain J., Newgard C., Nelson M., Evans R. M., Yates J., Montminy M. 2006. TRB3 links the E3 ubiquitin ligase COP1 to lipid metabolism. Science 312: 1763-1766.

Qiao L., Zou C., van der Westhuyzen D. R., Shao J. 2008. Adiponectin reduces plasma triglyceride by increasing VLDL triglyceride catabolism. Diabetes 57: 1824-1833.

Qing J., Wei D., Maher V. M., McCormick J. J. 1999. Cloning and characterization of a novel gene encoding a putative transmembrane protein with altered expression in some human transformed and tumor-derived cell lines. Oncogene 18: 335-342.

Quintanilla R., Pena R. N., Gallardo D., Cánovas A., Ramírez O., Díaz I., Noguera J. L., Amills M. 2011. Porcine intramuscular fat content and composition are regulated by quantitative trait loci with muscle-specific effects. J Anim Sci. 89: 2963-2971.

Ramayo-Caldas Y., Castelló A., Pena R. N., Alves E., Mercadé M., Souza C. A., Fernández A. I., Perez-Enciso M., Folch J. M. 2010. Copy number variation in the porcine genome inferred from a 60 k SNP BeadChip. BMC Genomics. 11: 593

Rassart E., Bedirian A., Do Carmo S., Guinard O., Sirois J., Terrisse L., Milne R. 2000. Apolipoprotein D. Biochim Biophys Acta 1482: 185-198.

Riancho J., García-Ibarbia C., Pérez-Núñez M. I., Alonso M. A., Díaz T., Pérez-Castrillón J. L., Riancho J. A. 2012. Genetic polymorphisms of the Wnt receptor LRP5 are differentially associated with trochanteric and cervical hip fractures. Calcif Tissue Int. 90: 137-143.

Rincker P. J., Killefer J., Ellis M., Brewer M. S., McKeith F. K. 2008 Intramuscular fat content has little influence on the eating quality of fresh pork loin chops. J Anim Sci. 86: 730-737.

Rohrer G. A., Wise T. H., Ford J. J. 2006. Deciphering the pig genome to understand gamete production.Reprod Suppl. 62: 293-301.

Ron M., Weller J. I. 2007. From QTL to QTN identification in livestock – winning by points rather than knock –out: a review. Anim. Genet. 38:429-439.

Ronaghi M., Nygren M., Lundeberg J., Nyrén P. 1998. Analyses of secondary structures in DNA by pyrosequencing. Anal Biochem. 267: 65-71.

Rosengren-Pielberg G., Golovko A., Sundström E. 2008. A cis-acting regulatory mutation causes premature hair graying and susceptibility to melanoma in the horse. Nat Genet. 40: 1004-1009.

Rothschild M. F., Hu Z. L., Jiang Z. 2007. Advances in QTL mapping in pigs. Int J Biol Sci. 3: 192-197.

Sato S., Oyamada Y., Atsuji K., Nade T., Sato S., Kobayashi E., Mitsuhashi T., Nirasawa K., Komatsuda A., Saito Y., Terai S., Hayashi T., Sugimoto Y. 2003. Quantitative trait loci analysis for growth and carcass traits in a Meishan x Duroc F2 resource population. J Anim Sci. 81: 2938-2949.

Saito K., Tobe T., Minoshima S., Asakawa S., Sumiya J., Yoda M., Nakano Y., Shimizu N., Tomita M. 1999. Organization of the gene for gelatin-binding protein (*GBP28*). Gene 229: 67-73.

Saito H., Lund-Katz S., Phillips M. C. 2004. Contributions of domain structure and lipid interaction to the functionality of exchangeable human apolipoproteins. Prog Lipid Res. 43: 350-380.

Sánchez M. P., Iannuccelli N., Basso B., Bidanel J. P., Billon Y., Gandemer G., Gilbert H., Larzul C., Legault C., Riquet J., Milan D., Le Roy P. 2007. Identification of QTL with effects on intramuscular fat content and fatty acid composition in a Duroc x Large White cross. BMC Genet. 8: 55.

Schaffer J. E., Lodish H. F. 1994. Expression cloning and characterization of a novel adipocyte long chain fatty acid transport protein. Cell. 79: 427-436.

Scherer P. E., Williams S., Fogliano M., Baldini G., Lodish H. F. 1995. A novel serum protein similar to C1q, produced exclusively in adipocytes. J Biol Chem. 270: 26746-26749.

Schook L. B., Beever J. E., Roger J., Humphray S., Archibald A., Chardon P., Milan D., Rohrer G., Eversole K. 2005. Swine Genome Sequencing Consortium (SGSC): a strategic roadmap for sequencing the pig genome. Comparative Functional Genomics 6: 251-255.

Schultz, J., Milpetz, F., Bork, P. and Ponting, C. P. 1998. SMART, a simple modular architecture research tool: identification of signaling domains. Proc Natl Acad Sci. USA 95: 5857-5864

Schwab C. R., Mote B. E., Du Z. Q., Amoako R., Baas T. J., Rothschild M. F. 2009. An evaluation of four candidate genes for use in selection programmes aimed at increased intramuscular fat in Duroc swine. J Anim Breed Genet. 126: 228-236.

Schwab C. R,. Baas T.J, Stalder K. J. 2010. Results from six generations of selection for intramuscular fat in Duroc swine using real-time ultrasound. II. Genetic parameters and trends. J Anim Sci. 88: 69-79.

Schulze M. B., Rimm E. B., Shai I., Rifai N., Hu F. B. 2004. Relationship between adiponectin and glycemic control, blood lipids, and inflammatory markers in men with type 2 diabetes. Diabetes Care 27: 1680-1687.

Sebat J., Lakshmi B., Troge J., Alexander J., Young J., Lundin P., Månér S., Massa H., Walker M., Chi M, Navin N., Lucito R., Healy J., Hicks J., Ye K., Reiner A., Gilliam T. C., Trask B., Patterson N., Zetterberg A., Wigler M. 2004. Large-scalecopy number polymorphism in the human genome. Science 305: 525–528.

Sellier P. 1998. Genetics of meat and carcass traits. Pages 463-510 in The Genetics of the Pig. M. F. Rothschild and A. Ruvinsky Eds., CAB International, New York.

Sellier P, Maignel L, Bidanel JP. 2010 Genetic parameters for tissue and fatty acid composition of backfat, perirenal fat and longissimus muscle in Large White and Landrace pigs. Animal 4: 497-504.

Seroussi E., Glick G., Shirak A., Yakobson E., Weller J.I., Ezra E.,Zeron Y. 2010. Analysis of copy loss and gain variations in Holstein cattle autosomes using BeadChip SNPs. BMC Genomics. 11: 673.

Shetty R., Girerd N., Côté N., Arsenault B., Després J. P., Pibarot P., Mathieu P. 2012 Elevated proportion of small, dense low-density lipoprotein particles and lower adiponectin blood levels predict early structural valve degeneration of bioprostheses. Cardiology 121: 20-26.

Silió L., Fernández A. I., Ramayo Y., Rodriguez C. 2010. Identificación de variantes estructurales (CNV y ROH) en el genoma de cerdos Ibéricos. XV Reunión Nacional de Mejora Genética Animal.

Solanes F. X., Reixach J., Tor M., Tibau J., Estany J. 2009. Genetic correlations and expected response for intramuscular fat content in a Duroc pig line. Livest Sci. 123: 63-69.

Soma Y., Uemoto Y., Sato S., Shibata T., Kadowaki H., Kobayashi E., Suzuki K. 2011. Genome-wide mapping and identification of new quantitative trait loci affecting meat production, meat quality, and carcass traits within a Duroc purebred population. J Anim Sci. 89: 601-608.

Stahl A., D. J. Hirsch R. E. Gimeno S. Punreddy P. Ge, N. Watson S. Patel M. Kotler A. Raimondi L. A., Tartaglia L. A., Lodish H. F. 1999. Identification of the major intestinal fatty acid transport protein. Mol. Cell. 4: 299-308.

Stahl A., Gimeno R. E., Tartaglia L. A., Lodish H. F. 2001. Fatty acid transport proteins: a current view of a growing family. Trends Endocrinol Metab. 12: 266-273.

Stankiewicz P., Lupski J. R. 2002. Genome architecture, rearrangements and genomic disorders. Trends in Genetics 18: 74-82.

Strausberg R. L., Feingdol E. A., Derge J. G., Klausner R. D., Collins F. S., Wagner L., Shenmen C. M., Schuler G. D., Altschul S. F., Zeeberg B. 2002. Generation and initial analysis of more than 15,000 full-length human and mouse cDNA sequences. Proc Natl Acad Sci USA 99: 16899-16903.

Sung H. Y., Guan H., Czibula A., King A. R., Eder K., Heath E., Suvarna S. K., Dower S. K., Wilson A. G., Francis S. E., Crossman D. C., Kiss-Toth E. 2007. Human tribbles-1 controls proliferation and chemotaxis of smooth muscle cells via MAPK signaling pathways. J Biol Chem. 25: 18379-18387.

Suzuki K., Inomata K., Katoh K., Kadowaki H., Shibata T. 2009. Genetic correlations among carcass cross-sectional fat area ratios, production traits, intramuscular fat, and serum leptin concentration in Duroc pigs. J Anim Sci. 87: 2209-2215.

Swanson, K.S., Mazur, M.J., Vashisht, K., Rund, L.A., Beever, J.E., Counter, C.M. and Schook, L.B. 2004. Genomics and clinical medicine: rationale for creating and effectively evaluating animal models. Exp Biol Med. 229: 866-875.

Takayama Y., May P., Anderson R. G., Herz J. 2005. Low density lipoprotein receptor-related protein 1 (LRP1) controls endocytosis and c-CBL-mediated ubiquitination of the platelet-derived growth factor receptor beta (PDGFR beta). J Biol Chem. 6: 18504-18510.

Teye G. A., Sheard P. R., Whittington F. M., Nute G. R., Stewart A., Wood J.D. 2006. Influence on dietary

Tibau J. 1992. Mejora genética de los caracteres productivos en el ganado porcino. Porci. 7:11-21.

Tibau J y Font. 2004. La Genética y la Producción Porcina. Suis 4: 52-61

Thomas J. W., Touchman J. W., Blakesley R. W., Bouffard G. G., Beckstrom-Sternberg S. M., Margulies E. H., Blanchette M., Siepel A. C, Thomas P. J., McDowell J. C. Maskeri B., Hansen N. F., Schwartz M. S., Weber R. J., Kent W. J., Karolchik D., Bruen T. C., Bevan R., Cutler D. J., Schwartz S., Elnitski L., Idol J. R., Prasad A. B., Lee-Lin S. Q., Maduro V. V., Summers T. J., Portnoy M. E., Dietrich N. L., Akhter N., Ayele K., Benjamin B., Cariaga K., Brinkley C. P., Brooks S. Y., Granite S., Guan X., Gupta J., Haghighi P., Ho S. L., Huang M. C., Karlins E., Laric P. L., Legaspi R., Lim M. J., Maduro Q. L., Masiello C. A., Mastrian S. D., McCloskey J. C., Pearson R., Stantripop S., Tiongson E. E., Tran J. T.,Tsurgeon C., Vogt J. L., Walker M. A., Wetherby K. D., Wiggins L. S., Young A. C., Zhang L. H., Osoegawa K., Zhu B., Zhao B., Shu C. L., De Jong P. J., Lawrence C. E., Smit A. F.,Chakravarti A., Haussler D., Green P., Miller W., Green E. D. 2003. Comparative analyses of multi-species sequences from targeted genomic regions. Nature 424: 788-793.

Tomaszewski M., Charchar F. J., Barnes T., Gawron-Kiszka M., Sedkowska A., Podolecka E., Kowalczyk J., Rathbone W., Kalarus Z., Grzeszczak W., Goodall A. H., Samani N. J., Zukowska-Szczechowska E. 2009. A common variant in low-density lipoprotein receptor-related protein 6 gene (*LRP6*) is associated with LDL-cholesterol. Arterioscler Thromb Vasc Biol. 29: 1316-1321.

Tumbleson M. E., Schook L. B. 1996. Advances in Swine in Biomedical Research. Plenum Press, New York.

Tuzun E., Sharp A. J., Bailey J. A., Kaul R., Morrison V. A., Pertz L. M., Haugen E., Hayden H., Albertson D., Pinkel D., Olson M. V., Eichler E. E. 2005. Fine-scale structural variation of the human genome. Nat Genet. 37: 727-732.

Uddin M. J., Duy do N., Cinar M. U., Tesfaye D., Tholen E., Juengst H., Looft C., Schellander K. 2011. Detection of quantitative trait loci affecting serum cholesterol, LDL, HDL, and triglyceride in pigs. BMC Genet. 12: 62.

Uemoto Y., Nakano H., Kikuchi T., Sato S., Ishida M., Shibata T., Kadowaki H., Kobayashi E., Suzuki K. 2012. Fine mapping of porcine SSC14 QTL and *SCD* gene effects on fatty acid composition and melting point of fat in a Duroc purebred population. Anim Genet. 43: 225-228.

Urban T., Mikolásová R., Kuciel J., Ernst M., Ingr I. 2002. A study of associations of the *H-FABP* genotypes with fat and meat production of pigs. J Appl Genet. 43: 505-509.

Vasseur F., Leprêtre F., Lacquemant C., Froguel P. 2003. The genetics of adiponectin. Curr Diab Rep. 3: 151-158.

Verner J., Humpolícek P., Knoll A. 2007. Impact of MYOD family genes on pork traits in Large White and Landrace pigs. J Anim Breed Genet. 124: 81-85.

Vidal O., Noguera J. L., Amills M., Varona L., Gil M., Jiménez N., Dávalos G., Folch J. M., Sánchez A. 2005. Identification of carcass and meat quality quantitative trait loci in a Landrace pig population selected for growth and leanness. J Anim Sci. 83: 293-300.

Villalba D, M. Tor, O. Vidal, L. Bosch, J. Reixach, M. Amills, A. Sànchez, J. Estany. 2009. An age-dependent association between a leptin C3469T single nucleotide polymorphism and intramuscular fat content in pigs. Livest Sci. 121: 335-338.

Völker M., Backström N., Skinner B. M., Langley E. J., Bunzey S. K., Ellegre H., Griffin D. K. 2010. Copy number variation, chromosome rearrangement, and their association with recombination during avian evolution. Genome Res. 20: 503-511.

von Eynatten M., Schneider J. G., Humpert P. M., Rudofsky G., Schmidt N., Barosch P., Hamann A., Morcos M., Kreuzer J., Bierhaus A., Nawroth P. P., Dugi K. A. 2004. Decreased plasma lipoprotein lipase in hypoadiponectinemia: an association independent of systemic inflammation and insulin resistance. Diabetes Care 27: 2925-2929.

Wang Y., Lam J. B., Lam K. S., Liu J., Lam M. C., Hoo R. L., Wu D., Cooper G. J., Xu A. 2006. Adiponectin modulates the glycogen synthase kinase-3beta/beta-catenin signaling pathway and attenuates mammary tumorigenesis of MDA-MB-231 cells in nude mice. Cancer Res. 66: 11462-11470.

Wang K., Li M., Hadley D., Liu R., Glessner J., Grant S. F., Hakonarson H., Bucan M. 2007. PennCNV: an integrated hidden Markov model designed for highresolution copy number variation detection in whole-genome SNP genotyping data. Genome Res. 17: 1665-1674.

Weggemans R. M., Zock P. L., Katan M. B. 2001. Dietary cholesterol from eggs increases the ratio of total cholesterol to high-density lipoprotein cholesterol in humans: a meta-analysis. Am J Clin Nutr. 73: 885-891.

Wehrle-Haller B. 2003. The role of Kit-ligand in melanocyte development and epidermal homeostasis. Pigment Cell Res. 16: 287-296.

Whittington F. M., Prescott N. J., Wood J. D., Enser M. 1986. The effect of dietary linoleic acid on the firmness of backfat in pigs on 85 kg live weight. J Sci Food Agric. 37: 753-761.

Wilkin F., Suarez-Huerta N., Robaye B. 1997. Characterization of a phosphoprotein whose mRNA is regulated by the mitogenic pathways in dog thyroid cells. Eur. J. Biochem. 248: 660-668.

Willer, C.J., Sanna, S., Jackson, A.U., Scuteri, A., Bonnycastle, L.L., Clarke, R., Heath, S.C., Timpson, N.J., Najjar, S.S., Stringham, H.M., Strait, J., Duren, W.L., Maschio, A., Busonero, F., Mulas, A., Albai, G., Swift, A.J., Morken, M.A., Narisu, N., Bennett, D., Parish, S., Shen, H., Galan, P., Meneton, P., Hercberg, S., Zelenika, D., Chen, W.M., Li, Y., Scott, L.J., Scheet, P.A., Sundvall, J., Watanabe, R.M., Nagaraja, R., Ebrahim, S., Lawlor, D.A., Ben-Shlomo, Y., Davey-Smith, G., Shuldiner, A.R., Collins, R., Bergman, R.N., Uda, M., Tuomilehto, J., Cao, A., Collins, F.S., Lakatta, E., Lathrop, G.M., Boehnke, M., Schlessinger, D., Mohlke, K.L., Abecasis, G.R. .2008. Newly identified loci that influence lipid concentrations and risk of coronary artery disease. Nat Genet. 40: 161-169.

Winchester L., Yau C., Ragoussis J. 2009. Comparing CNV detection methods for SNP arrays. Brief Funct Genomic Proteomic. 8: 353-366.

Wood J. D., Nute G. R., Richardson R. I., Whittington F. M., Southwood O., Plastow G., Mansbridge R., da Costa N., Chang K. C. 2004. Effects of breed, diet and muscle on fat deposition and eating quality in pigs. Meat Sci. 67: 651-667.

Wood J. D., Enser M., Fisher A. V., Nute G. R., Sheard P. R., Richardson R. I., Hughes S. I., Whittington F. M. 2008. Fat deposition, fatty acid composition and meat quality: A review. Meat Sci. 78: 343-358.

Wu Q., Ortegon A. M., Tsang B., Doege H., Feingold K. R., Stahl A. 2006. FATP1 is an insulin-sensitive fatty acid transporter involved in diet-induced obesity. Mol Cell Biol. 26: 3455-3467.

Wu J., Zhou D., Deng C., Wu X., Long L., Xiong Y. 2008. Characterization of porcine ENO3: genomic and cDNA structure, polymorphism and expression. Genet Sel Evol. 40: 563-579.

Xu X., Xu X., Yin Q., Sun L., Liu B., Wang Y. 2011. The molecular characterization and associations of porcine cardiomyopathy asssociated 5 (*CMYA5*) gene with carcass trait and meat quality. Mol Biol Rep. 38: 2085-2090.

Yang X., Zhang Y., Lin J., Pen A., Ying C., Cao W., Mao L. 2012. A lower proportion of dietary saturated/monounsaturated/polyunsaturated fatty acids reduces the expression of adiponectin in rats fed a high-fat diet. Nutr Res. 32: 285-291.

Ye S. Q., Kwiterovich P. O. 2000. Influence of genetic polymorphisms on responsiveness to dietary fat and cholesterol. Am J Clin Nutr. 72: 1275-1284.

Young L. D., Pond W. G., Mersmann H. J. 1993. Direct and correlated responses to divergent selection for serum cholesterol concentration on day 56 in swine. J Anim Sci. 71: 1742-53.

Kolibri 360 GmbH
Ferdinand-Jühlke-Straße 7
99095 Erfurt, Deutschland
produktsicherheit@kolibri360.de

Druck:
CPI Druckdienstleistungen GmbH
im Auftrag der
Kolibri 360 GmbH
Ferdinand-Jühlke-Str. 7
99095 Erfurt